阅读成就思想……

Read to Achieve

青少年核心素养系列

成长不设限

写给青少年的成长型思维训练

杰西卡 · L. 施莱德（Jessica L. Schleider）
[美] 迈克尔 · C. 穆拉基（Michael C. Mullarkey）◎ 著
马洛里 · L. 多比亚斯（Mallory L. Dobias）

叶壮　苏静 ◎ 译

The Growth Mindset Workbook for Teens

Say Yes to Challenges, Deal with Difficult Emotions & Reach Your Full Potential

中国人民大学出版社

· 北京 ·

图书在版编目（CIP）数据

成长不设限 : 写给青少年的成长型思维训练 / (美)杰西卡·L.施莱德 (Jessica L. Schleider) , (美) 迈克尔·C.穆拉基 (Michael C. Mullarkey) , (美) 马洛里·L.多比亚斯 (Mallory L. Dobias) 著 ; 叶壮, 苏静译. -- 北京 : 中国人民大学出版社, 2022.7

书名原文: The Growth Mindset Workbook for Teens: Say Yes to Challenges,Deal with Difficult Emotions & Reach Your Full Potential

ISBN 978-7-300-30637-7

Ⅰ. ①成… Ⅱ. ①杰… ②迈… ③马… ④叶… ⑤苏… Ⅲ. ①思维训练一青少年读物 Ⅳ. ①B80-49

中国版本图书馆CIP数据核字(2022)第086839号

成长不设限：写给青少年的成长型思维训练

杰西卡·L.施莱德（Jessica L. Schleider）
［美］迈克尔·C.穆拉基（Michael C. Mullarkey） 著
马洛里·L.多比亚斯（Mallory L. Dobias）
叶壮 苏静 译
Chengzhang bu Shexian : Xiegei Qingshaonian de Chengzhangxing Siwei Xunlian

---

出版发行	中国人民大学出版社		
社　址	北京中关村大街 31 号	**邮政编码**	100080
电　话	010-62511242（总编室）		010-62511770（质管部）
	010-82501766（邮购部）		010-62514148（门市部）
	010-62515195（发行公司）		010-62515275（盗版举报）
网　址	http://www.crup.com.cn		
经　销	新华书店		
印　刷	天津中印联印务有限公司		
规　格	148mm×210mm　32 开本	**版　次**	2022 年 7 月第 1 版
印　张	5.25　插页 1	**印　次**	2022 年 7 月第 1 次印刷
字　数	90 000	**定　价**	55.00 元

赞誉

培养成长型思维并不容易却极其重要，因为它关乎着人们的幸福和快乐。《成长不设限》这本书里有方法、有策略，翻译得通俗易懂，孩子们读完就能用。

——罗静

中国科学院心理研究所医学心理学博士

儿童发展心理学博士后

《成长不设限》一书的作者们经过数十年的研究，只为探究一种让人们从内部加以改变的力量，其研究成果在本书中得到了充分展现，实属难能可贵。本书由一个前途无量的团队撰写，语言通俗易懂，包含了现实生活中的实例以及大量行之有效的练习，非常适用于渴望实现梦想、规划未来、成为最好的自己的青少年。

——布鲁斯·F. 乔皮塔（Bruce F. Chorpita）博士

加利福尼亚大学洛杉矶分校心理学教授、PracticeWise 总裁

《儿童焦虑、抑郁、创伤及行为问题模块化疗法》（*MATCH-ADTC*：*Modular Approach to Therapy for Children with Anxiety, Depression, Trauma, or Conduct Problems*）一书合著者

这本《成长不设限》非常棒，既能鼓舞读者，又能满足大众所需，还兼具实用性。如果青少年想要充分发挥自己的潜能，就一定能从本书中获得强大的武装。这本书既引人入胜，又与青少年的生活息息相关，还很通俗易懂。书中充满了互动性，还有颇有深意的练习，有助于培养人们在复杂世界中茁壮成长、持续生存并受益终身的技能。

——戈尔达·金斯伯格（Golda Ginsburg）博士

康涅狄格大学医学院精神病学教授

杰西卡·施莱德及其同事们为那些觉得自己陷入焦虑、抑郁和无穷压力中的青少年提供了一本贴心、有效果、讲科学的指导书——《成长不设限》。这本书也是把我们对成长型思维模

式的研究与针对青少年抑郁和焦虑的循证治疗加以结合的开山之作。书中的种种活动都充满创意，也能激发青少年的参与热情，并且在帮助青少年应对困难和获取成功方面，非常贴合科学事实！

——卡罗尔·德韦克（Carol Dweck）博士
斯坦福大学路易斯和弗吉尼亚·伊顿心理学教授

《成长不设限》是一本宝藏书，满满的都是有条有理的建议、行之有效的策略，以及易于上手的材料。对于那些在情绪上面对挑战的青少年来说，本书提供了他们急需的导航路线图。我真希望自己在十几岁时就看过这本书！

——克里斯托弗·比弗斯（Christopher Beevers）博士
韦恩·H. 霍尔茨曼心理董事会主席
得克萨斯大学奥斯汀分校心理健康研究所所长

与所有人一样，青春期的孩子也会遭遇挫折与失意，这些挫折或失意可能会给他们的心理带来负面影响，也可能变为他们成长的机会。这本《成长不设限》引人入胜、可读性极强，以大量可靠研究作为基础，通过提供各种思路和行动方案，指导青少年将挑战转化为力量。这本书不仅对青少年很有帮助，对父母和临床从业者也颇具价值。

——约翰·R. 韦兹（John R. Weisz）博士
哈佛大学心理学教授、哈佛大学青年心理健康实验室主任
Judge Baker 儿童中心前总裁兼首席执行官

这本《成长不设限》可以帮助青少年理解自己为什么会有特定的想法、感受和行为，还能为他们提供改变自己或是应对生活挑战所需的工具。读这本书的感觉与在课堂上接受教育不同，更像是和某个亲密的朋友交流。生活中总有一些事情让人踏破铁鞋也找不到答案，这本书将逐一为他们解惑。而且，这位朋友还有哈佛的博士学位呢！

——安德烈斯·德·洛斯·雷耶斯（Andres De Los Reyes）博士
马里兰大学心理学教授、富布赖特学者
《儿童和青少年临床心理学杂志》
（*Journal of Clinical Child and Adolescent Psychology*）主编

《成长不设限》一书的作者团队在书中为广大青少年提供了这样的理念：借助成长型思维模式战胜挫折、发展技能、有效地管理自身情绪。全书满是各种基于有效治疗策略的活动，这些被精心设计的活动既有效果，又具有指导性，还能为被激烈的情绪困扰的青少年以及深爱着他们的人提供帮助，为他们提供了一条实现目标的道路。

——吉尔·艾伦莱希–梅（Jill Ehrenreich-May）博士
迈阿密大学心理学系教授
《儿童和青少年情绪障碍的跨诊断治疗统一方案》
（*Unified Protocols for Transdiagnostic Treatment of Emotional Disorders in Children and Adolescents*）一书合著者

译者序

我上中学的时候，很不喜欢老妈走进我的房间。之所以不喜欢，并不是因为她要进来监督我的学习，或者催我赶快完成作业，而是她经常来打扫我的房间，而且总爱一边打扫、一边数落我："都十几岁的人了，屋子还总是那么脏乱差。"

我说我自己打扫，她不愿意，说我干不好。我也不愿意跟她彻底对着干，因为其实自己内心也暗暗感觉，有老妈帮忙打扫房间、收拾桌子，挺爽的。不知怎的，在这种情况下，我渐渐养成了一个坏习惯——如果有废纸、笔屑、零食的包装等，为了避免老妈埋怨，再加上我也懒得自己打扫，我就一股脑地踢到床底下或是柜子底下。这样既方便省事，又少挨批评，我甚至对自己的聪明才智佩服得五体投地。

然而，踢进角落的垃圾并不会自行消解，只会越积越多。直到有一天，东窗事发，向来爱干净的老妈暴跳如雷，恨不得把我房间里的所有家具都搬开来检查一遍。而我则把之前所有逃掉的唠叨，一股脑地全都补上了。

如今回想起来，这已是20年前的事情了，但最近几年，我在工作中接触一些孩子的时候，总能想起这件往事。

倒不是因为这些孩子像我当年一样调皮，把垃圾都塞进了父母的盲区。恰恰相反，其中很多孩子都成绩优秀、多才多艺，待人接物像个小大人，俨然就是“别人家的孩子”。可一旦深聊几句，走进他们的内心，就能发现反映他们焦虑、压力、自卑的蛛丝马迹 。

那些负面的情绪，以及他们对自己充满攻击性的解读，就像当年被我藏起来的垃圾，被这些孩子在内心找了个角落，藏了起来。他们这样做的原因似乎也与我儿时的经历有些相似。

很多父母都非常在意孩子表面上的“大事”——学业、健康、才艺、评优评奖。这样的关注，使他们有了更多的干预，并频频出手——或把握方向，或供给资源，或在出问题时力挽狂澜。至于孩子，往往只要执行父母的指令，完成对资源的吐纳就可以了。一路走来，倘若不出意外，自然是身体好、成绩棒、才艺佳。

这样一来，孩子会依赖支持，就像我当年也依赖老妈帮我打扫房间。可孩子在生活中终归会有大量需要其亲身体验、只能靠自己应对的挑战与挫折，如考试失利、人际困扰、行为与价值观出现矛盾等。

被代劳许久的孩子，很有可能缺乏靠自己去应对这些问题的能力，于是索性像当年的我把垃圾踢进床底下或柜子底下一样，把这些郁结和纠葛，囫囵地在内心找个地方埋下。然而，此时的父母，依然只能看到干净整洁的桌面，却无法看到床底下或桌子底下的污浊。

可那些问题一直都在，与之相关的压力感、失控感和自卑感也一直都在。无论是孩子还是家长，都不能等到这些心理上的垃圾越积越多，顶开了床、掀翻了屋顶，才惊觉要好好处理。

有一些孩子就像乍看起来整洁、亮堂，但很可能在某些死角囤着垃圾、布着蛛网的房间，需要清理那些死角；还有一些孩子则像是乱七八糟的房间，需要来一场彻底的大扫除。

我认为，这个必须让孩子自己动手的心理大扫除需要具备两个工具：一是自我对话，二是成长型思维，这也是我决定翻译这本书的最直接的原因。这本书的最大特点就是结合了这两种工具，能让人知道如何在自我对话中运用成长型思维做指导，从而扫清心理垃圾。

自我对话是很多研究幸福的积极心理学家都非常推崇的心理技术，它并非鸡汤般的自我宽慰，而是一种可以把使用者从非理智的想法中拽出来的手段。当孩子遇到挫折时，往往很容易陷入情绪之中，导致视野进一步被蒙蔽。自我对话可以帮助孩子把理智的力量注入混乱的情绪感受中。遗憾的是，并非人人都能做好自我对话，很多爱钻牛角尖的成年人，或是很多自怨自艾的孩子，都不知道该如何跟自己对话。

成长型思维是近些年来在心理学领域颇有影响力的新兴概念，既有关注“成长”的积极内核，又顺应孩子们所处的强调“进步”的人生阶段。学界近年来对成长型思维的积极效果多有研究，却鲜有将之与孩子们日常生活中的林林总总加以结合落地的内容。

“如何运用成长型思维进行自我对话”，是本书致力于帮助孩子们解决的问题。书中有大量的内容可以引导孩子们一步步地解读与破译身边的糟心事，进而让孩子们能“吃一堑，长一智”，从挫折与失败中获得成长。假以时日，这些话语会变成大脑中自动化的思索，当情绪陷入迷雾、思考碰到高墙时，它便能像“绿灯侠”的戒指一样，随着孩子们的意念而化身火炬、巨锤，开辟前行的道路。

父母永远都不能真正地帮孩子打扫屋子——因为那是孩子的屋子，他对这个屋子中的一切细节都有更强的支配权力，所以他才会把垃圾踢进角落。然而，支配权力不意味着支配能力，因此，与其和孩子争夺打扫的权力，不如教给他一套打扫的方法，再送给他一套打扫的工具。

扫把与抹布，在超市里能买到。心理上的打扫工具与方法，就在本书之中。

叶壮

2022 年 3 月

于北京

目录

第 1 章　挖掘改变的力量

第 2 章　尽管生活很艰难，但你也要成为你想成为的人

第 3 章　视己为友

第 4 章　像对待好朋友一样对待自己

第 5 章　从压力和失意中复原

后记

第 1 章
挖掘改变的力量

The Growth Mindset

Workbook for Teens

Say Yes to Challenges, Deal with Difficult

Emotions & Reach Your Full Potential

□ 训练 1：从改变大脑到改变自我

你需要知道的

人类的大脑是个神奇的机器。

当你在读这句话时，你的大脑的基本组成部分，即那些被称为“神经元”的细胞已经在相互交流中创建了成千上万个新连接。就在这短短的一瞬间，神经元就已把本页上每个横竖撇捺编码为字、词、句，进而转化为你的思维和想法。

实际上，在你整个生命进程中，每个神经元终其一生都在互动，并不断创建着新的连接。当你迈出第一步时，当你说出一个新词或认出每一个新物体时，神经元都会创建新的连接。随着时间的推移，当你学习和练习新技能时，神经元与神经元之间就会建立新的连接，以帮助你学会诸如走路、说话和探索周围的世界等初级活动。同样地，它们还帮助你完成更复杂的任务，掌握更高阶的技能，诸如结交朋友、阅读和写作，以及骑自行车和弹钢琴等。

有些技能（如学习乘除法）比其他技能（如学习按下开关来开灯）要复杂得多。要掌握复杂的技能，大脑内就得构建成千上万个神经元连接，这可能要耗费更多的时间、精力，也得依托他人的帮助。然而，脑科学研究表明，无论是谁，无论学哪类技能，只要多加练习、不懈努力，就能掌握新技能，获得改变——即便是乍一听似乎并不可能的事情。神经元可以像肌肉一样训练，也就是说，你练习得越频繁，神经元之间的连接就越强。这意味着，每当你完成一项任务，大脑就会“记住”这个任务，等到下次你再执行这个任务时就会觉得轻松、简单一些。随着循环往复、不断练习，这个任务在你看来就会变得越来越容易，你能轻松完成它，仿佛天生就具备这项技能一般。

大脑拥有不断成长、学习和自我改变的能力，以应对环境中出现的种种新任务，科学家们将这种能力称为“神经可塑性”。每当人们面对新挑战、需要学习新东西时，神经可塑性就派上了用场——无论是用不同的方法解数学题，还是要换一种方式和同学相处。正是因为人类的大脑具有神经可塑性，所以每个人都具备适应变化和应对挑战的能力。

你需要做的

想一想，你会什么或擅长什么？再想一想，哪些技能让你引以为荣？它既可以是一项运动（如游泳或篮球），也可以是一项特长（如唱歌、书法或绘画），还可以是个人特质（如能做一位好哥哥、好姐姐或好朋友）。

你的技能是什么？

____

____

为什么拥有这项技能会让你感到最自豪？

____

____

由于神经可塑性，你的这些技能会随着时间的推移而获得提升。技能的形成往往需要你经年累月地去努力、练习，以及对抗挫折。

在培养这项技能的过程中，你遇到过哪些困难？请至少说出两个。

____

____

在面对这些困难时，是什么原因让你决定继续坚持下去，即换一种方式继续练习这一技能？

____

____

你（和你的大脑）是如何通过战胜困难获得学习与成长的？

____

____

现在，回顾你的孩提时代，让自己回到六岁时的状态。

今天的你和六岁的你，关于同样的技能，掌握的程度有何不同？

____

____

你还可以这样做

想一想你刚写下的自己的技能。对于六岁的你来说，可能很难想象这项技能最终会发展成今天的这个样子。在下面的空白处给年幼的你写一封信，信里谈一谈以下内容。

- 在学习这项技能的过程中，你采取了哪些步骤？遇到了哪些困难？
- 哪些人为你学习这项技能提供了帮助？
- 为什么以及是什么让你坚信，随着时间的推移，你能够成功掌握这项技能？

在信中，请对年幼的你言语友善一些，毕竟当时的你可能正在为未知的未来紧张不已。

写给六岁的自己：

□ 训练 2：改变大脑，掌控自我

你需要知道的

青少年的大脑具有超强的学习能力，并以全新的方式改变和成长。青少年的大脑中有超过 1000 亿个神经元可供使用——要知道，大脑的重量毕竟才与 10 个苹果差不多！大多数青少年并没有意识到，在大脑中创建新连接不仅有助于培养游泳、各种球类运动或是吹萨克斯这类的技能，还可以改变你自己的感觉、想法和行为，比如有多害羞、有多难过，或者如何应对生活中的压力和困难。

另外，人们对自己大脑如何成长和改变具有很大的控制权，如根据自己的想法、感觉和行为来决定培养自己最想发展的技能。

也就是说，我们的所思所想、所作所为都有助于在大脑中创建新的连接。无论我们相信与否，每一个想法和感觉都存在于我们的大脑中。顺便说一句，想法就是我们对自己说的话，比如，如果我数学考试不及格或如果没有人喜欢我，我该怎么办？同样，感觉也会通过身体表现出来，比如，当我们感到恐惧时，就会心跳加速、开始出汗；当我们感到悲伤时，就会感觉全身沉重、疲惫不堪。我们的想法往往与感觉相伴而生。因此，当我们认为自己永远交不到真心朋友时，就会感到悲伤，与此同时，大脑中的神经元会根据这个想法和感觉的组合创建一条新连接。神经元之间的这些连接继而决定了我们在现实生活中的行为。

在这种情况下，一个认为自己永远交不到真心朋友或感到悲伤的青少年，可能会选择宅在家里，而不是去上学。如果我们的想法和感觉如此悲观，就很难有动力去做些什么。不难想象，那个青少年一直躺在床上，悲伤不已，他的大脑又会发生什么变化呢？悲伤的情绪和某些想法（如“我永远也交不到真心朋友”）之间的连接会越来越牢固。这些神经元之间不断交谈，随着时间的推移，便创建了更强烈、更快速、更牢固的连接。长此以往，这个少年就学会了某些特定的应对方式（如宅在家里不上学），即便这些行为方式并非他真心所愿。

不过，好消息是，我们可以改变神经元之间的连接。通过采取不同的行为方式，我们可以创造新的想法和感受，这意味着在我们的大脑中正在创建新的连接。只要神经元形成了新连接，我们的个性就会改变。这些新的连接可以让我们在应对压力时产生截然不同的想法和感觉。随着这些连接变得更强，能帮助我们学会以更好的方式去应对生活中的挑战。

案例：玛利亚的故事

即使困难重重，人生也总有改变的可能，我的亲身经历让我悟出了这个道理。上个学年对我来说异常艰难，我一直感觉精力不济、情绪低落。后来，我甚至不再和其他同学说话，还退出了校足球队，以至于我往往整个下午都会宅在家里，闭门不出。我也不知道为什么，我觉得自己像是变了一个人。对此，我真的很难过，我觉得自己再也提不起精神去做这些事了。于是，我决定做一些什么来打破僵局。

我和母亲聊了聊我最近的情况，并向学校辅导员求助。我们一起制订了一个计划：每天要完成三件积极的事情——吃最喜欢的零食、参加足球训练、至少和一个朋友聊聊天。辅导员告诉我，做这些事情能帮助我在大脑中创建新的、更积极的连接。这个过程很艰难——我的意思是，虽然有时我会感觉好多了并备受鼓舞，但是这种感觉并不能一直持续下去。有时候，就算我知道会让我感觉更糟糕，可还是只想整天躺在床上，什么都不做。不过，我一直提醒自己：改变大脑是一项艰巨的工作，需要时间去加固新的连接。这样的状态持续反复几个月后，我感觉那个真正的自己又回来了，我甚至想做一些有趣的事情。那段经历教会我不要放弃自己，就算无比艰难，仍有可能发生改变。此外，来自他人的支持也可以在很大程度上帮助我们变成自己想成为的人。

正如玛利亚的故事所展示的那样，人们不会一直陷入悲伤、无力或孤独的境地。我们总有改变自己行为方式的能力，进而改变自己的想法和感受。这个过程可以帮助我们成为自己想成为的人。

请记住，人的大脑一直都在发展。

你需要做的

每个人都会碰到被压力压得喘不过气的时候，也有在遇到生活中的种种挣扎而感到手足无措的时候。回忆你上次有这种感觉的时刻，当时你可能在学校，在朋友身边，也可能独自一人。

那段时间你经历了什么？是什么让那一刻的你坐立不安？请写下来。

____

在那个紧张的时刻，你在想什么（记住，想法是我们对自己说的话——是发自内心的呐喊）？

我在想：____

____

在那个紧张的时刻，你有什么感受（如悲伤、愤怒、焦虑、快乐、担心、冷静、嫉妒、孤独）？

在内心深处，我的感受是：______________________________

____

在那个紧张的时刻，你在做什么（如看书、给朋友发短信、待在家里、哭、笑，甚至是正在做开合跳）？

在那个紧张的时刻，我正在做：__________________________

____

现在，回想你已经了解的关于改变人的大脑、人格和能力的知识。假设在未来的某一天，你又陷入了同样紧张的境地，那时的你又会浮现什么样的想法（或对自己说些什么）来提醒自己？你（或正在发生的事情）还能有什么样的改变？

记住，只有当你对某个想法深信不疑，它才会有帮助！

这个有益的想法可能是：________________________________

____

当浮现出这个想法时，你觉得自己可能会产生什么样的感觉？

____

____

在思考了这个想法并体验到这种感觉后，你会采取哪些不同以往的方式来应对压力？

____

____

对比新旧两种情况，关于在这两种情况下产生的想法、感受和行动，最大的区别是什么？

____

____

如果你反复练习了上述那些有益的想法、感觉和行动，那么随着时间的推移，你认为自己可能会发生怎样的改变？例如，你会觉得脑海中能更轻松地浮现出这个想法吗？你觉得在经过一番练习之后，这个想法会自动出现吗？如果这个想法能在你的脑海中扎根，那么这对你的感受和行为又意味着什么？

____

____

你还可以这样做

每个人的大脑都在不断地成长和变化，因此几乎所有人都有类似革心易行的经历——尤其是关于学会用不同的方式应对压力和困难的经历。在这项练习中，我们希望你可以竭尽所能地去了解一位与你关系亲密的成年人的亲身经历。

首先，选择一位成年人作为你的访谈对象（可以是老师、家长、导师或教练——任何你仰慕的人都可以）。把那个人的名字写在这里：________________________________

接下来，向这个人提出以下这些问题，并记录其答案。

当你像我这么大的时候，你遇到过的最大困难是什么？你当时要应对的压力有哪些？

____

____

当你像我这么大的时候，你是如何应对压力和困难的？

现在的你是否会采用不同以往的方式来应对困难？如果是，那么这些方式与以往最大的区别是什么？

是什么帮助你学会了用新的方式来应对压力？

在用新方法应对压力时，你身上发生的哪些改变最让自己感到自豪？

如果可以回到过去，给年轻的自己一些建议，你会说些什么让当年的自己知道事情总会有转机，甚至包括应对压力的方式也会发生改变？

训练 3：信念促进（阻碍）大脑改变

你需要知道的

在面对压力时，人们对自己能否成长、改变和复原，通常会产生两种截然不同的信念［脑科学家将其称为思维模式（mindset）］，青少年（和成年人）往往会倾向于持有其中的一种。这两种信念为固定型思维（fixed mindsets）和成长型思维（growth mindsets）。

拥有固定型思维的人认为，害羞、悲伤和孤独等个人特质是一成不变的，或是几乎不可能改变的；拥有成长型思维的人则认为，这些特质是可以随着时间的推移而改变的（通过努力、改变策略、找到支持自己的人等方式）。

以下为关于思维模式如何塑造日常体验的三个真相。

真相 1：关于自己和应对压力的能力，固定型思维和成长型思维会引发截然不同的想法。

固定型思维会引发类似“你就是这样（郁郁寡欢、喜欢杞人忧天、不招人喜欢）的人”“你永远改变不了”“你对此无能为力”等想法。当你感到焦虑、悲伤或不堪重负时，拥有固定型思维的人可能会说：“那真是太糟糕了，你最好试着习惯，因为这就是你的宿命啊！”固定型思维模式所产生的想法是夸张和不真实的，但人们经常会被其迷惑，尤其在最脆弱的时候。

拥有成长型思维模式的人则会说：“改变是可能的，挫折和压力意味着成长和改变。”这提醒我们一个科学真相：练习新的思维方式可以在大脑中建立新的神经连接，从而打开改变感觉和行为的大门。

真相 2：思维模式会随着时间推移而转变（从固定型思维转变为成长型思维，循环往复），因此，几乎每个人都会在某个时间点同时经历固定型思维和成长型思维。

我们可能既有固定型思维也有成长型思维。事实上，我们可以在同一天（甚至是同一时刻）同时拥有这两种思维模式。这并不难理解：因为我们的思维模式并非一成不变；相反，它会随着时间的推移而改变，并且会受环境的影响。例如，当面临压力或失败时，我们会更容易陷入固定型思维——这种思维模式往往比成长型思维模式更严苛、更不可宽恕。

真相 3：由于固定型思维和成长型思维触发了如此不同的想法，因此引发了截然不同的行为。

了解固定型思维和成长型思维的区别很重要，因为它们会推动人们以完全相反的方式行事。

当生活变得艰难时，固定型思维会告诉我们放弃、忽略或逃避那些让我们心烦意乱的事情。比如，这些想法会告诉我们：数学课上不要举手回答问题，因为一旦答错就只会让我们难堪；参加那个派对没有意义，因为我们不擅长结交新朋友。

固定型思维让我们身处舒适区，因此，也不能怪我们对它言听计从。尽管在可能会失败的情况下放弃或假装压力不存在能让我们如释重负，但这并非长久之计。而且，从长远来看，这些策略往往适得其反，固定型思维把改变大脑的机会扼杀在萌芽阶段。我们越是遵从固定思维模式行事，就越逃避去尝试新的应对方式。结果就是，当遇到困难时，我们会错失解决问题或寻求支持的机会。这些做法都会阻碍大脑创建不同的连接，影响我们健康成长。

相反，成长型思维则会告诉我们，事情可能很艰难，但只要我们坚定不移地去努力并寻求支持，我们就一定能搞定。换句话说，压力和挣扎是成长和改变的机会。成长型思维会告诉我们：虽然在课堂上说错答案会很尴尬，但老师可以帮助你解答；虽然担心自己在派对上会形单影只，但如果你多和陌生人交谈，也许就会更容易结交新朋友。

遵从成长型思维行事并不容易，因为这意味着将自己置于有压力或不确定自己能否成功的境地。不过这也意味着，当我们不确定自己能否成功时，我们更倾向于学习解决问题的新方法，克服恐惧，获得所需的支持，并在大脑创建不同的连接。

固定型思维会引发“我无法改变，所以不用费心去尝试”的想法。从短期来看，这些想法让人感到安全，但随着时间的推移，它们会阻碍成长。

成长型思维则会引发“改变很难，但改变是可能的，因为这是大脑的工作方式”的想法。从短期来看，这些想法会让人感到不舒服或害怕，但它们能促使积极改变成为可能。

你需要做的

下面这个案例是许多青少年都可能会碰到的挫折经历。请在阅读这个案例后，头脑风暴一下，思考固定型思维会让他怎么说、怎么做；然后，再头脑风暴一下，成长型思维又会让他怎么说、怎么做。

案例：杰瑞德的故事

杰瑞德在第一次参加网球大赛时就输了，他对自己感到很失望。下个月将举行校网球队选拔赛，但他不确定自己能否在球队中获得一席之地。

固定型思维可能会促使他说：我的网球打得很糟

糕！如果我在这场选拔赛中输了，我就进不了球队。

然后告诉自己：我应该待在家里，而不是在选拔赛上丢人现眼。如果我不再尝试，那么至少其他人不会看到我的失败。

成长型思维可能会促使他说：这次大赛让我发现了自己的不足，我可以在下个月的选拔赛到来之前再加以改进。我还有时间，我敢打赌，我的球技会突飞猛进！

然后告诉自己：我应该去问问有没有人愿意在选拔赛到来之前和我一起练习。

练习 1

卡拉在一次重要的科学考试中得了 D，她很沮丧。三周后还有一场大考，这是她提高自己在班级中排名的机会。

固定型思维可能会促使她说：________________

____

然后告诉自己：________________

____

成长型思维可能会促使她说：____________________

____

然后告诉自己：________________________________

____

练习 2

开学第一天的午餐时间，琪琪想在餐厅找个地方坐，但她担心没有人会愿意和她在同一桌吃饭，因为在之前的那所学校，琪琪就通常是独自一人吃饭的。此时，她看到历史课上的几位同学正坐在她右侧的桌子上。

固定型思维可能会促使她说：____________________

____

然后告诉自己：________________________________

____

成长型思维可能会促使她说：____________________

____

然后告诉自己：________________________________

____

练习 3

明天是学校戏剧排演的试镜日。丹认为自己是一个很害羞的人，他从没演过戏，但他觉得这可能会很有趣。如果真的参加这出戏的试镜，那么他很有可能拿不到什么角色。

固定型思维可能会促使他说：______________________________

____

然后告诉自己：______________________________________

____

成长型思维可能会促使他说：______________________________

____

然后告诉自己：______________________________________

____

练习 4

这周，有同学要开一个盛大的生日派对，尼古拉斯也收到了邀请。尼古拉斯渴望结交同年级的新朋友，但他往往会避开这些聚会，因为他和一大群人交谈时会紧张。

固定型思维可能会促使他说：________________________

____

然后告诉自己：________________________________

____

成长型思维可能会促使他说：________________________

____

然后告诉自己：________________________________

____

你还可以这样做

回想一下那些对你来说很重要但又让你紧张不已的事情，比如，尝试加入运动队或比赛，和新（潜在）朋友聊天，或是在观众面前表演。

尽可能详细地描述当时的情况，专注于自己当时的感受，以及当你感到最害怕或最紧张时你在想什么。

____

____

现在想象一下，你的一个朋友正遭遇你刚刚提到的同样境地。

拥有固定型思维的朋友在那一刻可能会怎么想（记住，当生活变得艰难时，固定型思维会告诉你放弃、忽略或逃避那些让你心烦意乱的事情）？

____

____

拥有成长型思维的朋友在那一刻可能会怎么想（记住，成长型思维会产生这样的想法：改变很难，但改变是可能的，因为这是大脑的工作方式）？

____

____

你会给朋友什么建议，以帮助他们遵从成长型思维，摒弃固定型思维？

____

____

☐ 训练 4：关注你的思维模式

你需要知道的

截至目前，你已经知道了大脑能发生令人难以置信的变化。当你通过改变行为进而在大脑中创建新连接时，你的想法也会随之改变。这表明，成长型思维比固定型思维更能反映现实。然而，人们很容易被固定型思维迷惑，以至于对那些消极想法深信不疑。这种情况极为普遍。

因此，真正了解自己的固定型思维至关重要。如果你能揪出它们，就能反驳并反抗它们，用更真实、更友善、更有帮助的成长型思维来替代它们。

如何做呢?

第一，要了解你在哪些情景中容易掉入固定型思维的陷阱，这个方法很重要。对于每个人来说，容易掉入固定型思维陷阱的情景可能会有所不同。比如：有人在担心犯错时容易陷入固定型思维；有人在感觉被评判或被批评时，或在第一次努力尝试某件事时，抑或是在应对超负荷的生活压力时，很容易产生消极想法。此外，在某些特定情景中，可能会有更多因固定型思维而引发的信念浮现在人们的脑海中。比如，有人在面对学业时更容易陷入固定型思维（引发如“我很笨”或“我永远无法理解这一点”等想法）；有人在面对社交环境和同龄人时，更容易遭遇固定型思维（引发如“我交不到真心朋友”或“我不讨人喜欢”等想法）。

第二，固定型思维通常包含了某些常用短语，这让它们更容易被发现，如“我不行”。当你陷入固定型思维时，可能会这样想：“我做不到，所以尝试没有意义。”这些“我不行”的认知会让我们逃避所有挫折和挑战。固定型思维的另一个常见短语是“我（永远）是”。比如，“我（永远）是一个失败者”“我（永远）一团糟”“我（永远）很糟糕”“我（永远）不讨人喜欢”。只是简单的一句“我（永远）是”这样或那样的话，便会引诱你相信自己被永远钉死在原地。

固定型思维通过这种方式剥夺了你对自己的行为、情绪和思想的真正控制权。

简单总结一下：学会揪出固定型思维是对抗它们关键的第一步。有意识地关注自己与固定型思维相关的情景和短语，是一个好的开始。

你需要做的

每个人都曾在某个时间经历过固定型思维和成长型思维。

要想挣脱固定型思维的束缚，就要及时发现它们。创建自己的固定型思维画像可能会帮助你。当出现固定型思维的认知时，画像能提供一些场景、形象或画面，让自己知道该反抗什么。

为你的固定型思维命名，并画出那个逃避和远离压力、碰到不确定的事就放弃，一害怕就退缩的你。

为自己的成长型思维命名，并画出那个在面临困境时会提醒自己有能力去改变、勇于对抗固定型思维的你。

____

你还可以这样做

在你对固定型思维和成长型思维有了更形象的了解后，接下来就要弄清楚它们会在何时何地出现。然后，将这些固定型思维转变为成长型思维。

可以参照下面的日记范本来记录和跟踪自己会在何时何地陷入固定型思维，至少完成三天的记录和跟踪，并尝试每天至少做一个想法记录。

日期：10 月 4 日

地点：更衣室

发生了什么？

我想加入游泳队，但上个赛季我失败了。

你出现了哪些固定型思维的认知？

上次没有成功，说明我不擅长游泳。反正也进不了游泳队，为什么要努力呢？

当这件事发生时，你有什么感受？

我感到非常绝望——似乎无论多努力，我都永远无法加入游泳队。

你最后做了什么？

我告诉教练我今年不参加游泳队的选拔赛了。

记录和跟踪三天后，回顾你的日记，并回答以下问题：

你通常在什么时候容易陷入固定型思维？在这些时间段里发生了什么？

____

____

你通常在哪些地方（如每次经过游泳池旁边的更衣室时）容易陷入固定性思维？

____

____

从你的日记中选择一个固定型思维的想法，写在下面。

____

____

你的成长型思维会说些什么来抵抗上面的想法呢？

____

____

在新想法顶替旧想法后，你觉得自己会产生怎样的感受呢？

在新想法顶替旧想法后，你认为自己会做出哪些改变呢？

训练 5：目标管理助力信念改变，达成行为优化

你需要知道的

实现积极改变的两个关键步骤为：（1）意识到自己具有改变的能力；（2）揪出固定型思维的想法。然而，如何从“知道”到“行动”，朝着希望的改变迈进呢？

本节将分享一些关键步骤，帮助你实现想要的改变。具体来说，就是制定成长型思维目标，并制订实现这些目标的行动计划。

成长型思维目标有两个重要特征。

成长型思维目标是积极的

专注于你最想成长、行动或改进的目标，而非你不想做什么或感受什么。比如，“我想变得不那么孤单”是一个消极目标；“我想通过每天给一个好朋友发短信的方式更频繁地与他人联系”是一个积极目标。根据消极目标采取行动相当困难，而积极目标则开辟了一条更清晰的改变之路。

目标可实现、够具体且能追踪，这既能衡量目标积极与否，又能推动你采取行动。回答以下问题，审视你的目标是否符合行动指标。

- **你的目标可实现吗？**换句话说，你能在不久的将来达成这个目标吗？对于许多青少年来说，设定一个长期、宏大、遥远的目标很容易，比如“我想获得成功”或“我想改变世界”。这些都是伟大的目标，但实际上，要想实现它们，就要在漫长的过程中实现许多（甚至是许许多多）的小目标。将注意力转移到更小的、中期的目标上，这样可以真正地帮助你朝长期改变迈出步伐。
- **你的目标够具体吗？**它是否足够明确、具体，足以让你采取行动来实现它？比如，“这个月，我想每周练习三次钢琴”，而不是“我想成为一名优秀的钢琴家”。设定足够具体的目标，能让你更清晰地知道如何实现它。

- **你的目标可追踪吗？**你能否追踪你在计划的时间内，有没有实现所计划的具体改变？比如，“我主动提出每个周末带母亲外出两次”，而不是“今年我想改善自己与家人的关系”。设定可追踪的目标，能让你更容易判断目标是否完成。

成长型思维目标对你很重要

成长型思维目标反映了你关心什么——无论是与朋友或家人的联系、对自己更友善，还是尝试新挑战，这有助于你有持续的动力去实现它们。

目标往往与计划有关，可以帮你发现困难和应对困难。做出改变的确具有挑战性，遇到挫折也是这个过程的一部分。坚持成长型思维目标意味着要直面困难，而非逃避它们，你需要通过寻求他人支持和思考新的解决方案以重回正轨、做出改变。

总的来说，成长型思维目标是积极的，能推动你采取行动，专注于重要的事情，还与你应对挫折的计划有关系。这也许听起来很复杂，但只有不断练习，才能更好地制定成长型思维目标，而困难和挫折往往是这个过程中不可或缺的一部分。

你需要做的

一开始，制定成长型思维目标可能会很棘手，但只要不断练习，你就能越来越得心应手。阅读以下例子，请帮助每位青少年制定一个成长型思维目标，让他们行动起来。

艾伦的目标：在科学课上，我不想再拿 D。

将艾伦的目标改写为积极的表述。

我想在科学课上取得好成绩。

在不久的将来，艾伦能实现新目标吗？请给出你的结论并说明理由。

取得好成绩可能是一个比较长远的目标，在达到长期目标之前，还有很多中期目标需要努力，如制订并遵守学习计划。

如果你认为艾伦的新目标不可实现，请将其重写，使其更有可实现性。

我会寻求科学老师的帮助。

艾伦的新目标够具体吗？请给出你的结论并说明理由。

向科学老师“寻求帮助”的目标不够具体，这可能指向很多不同的事情。

如果你认为艾伦的新目标不够具体，请将其重写，使其更具体。

我会在办公时间向科学老师请求帮助。

艾伦的新目标可追踪吗？请给出你的结论并说明理由。

不可追踪，因为他的目标没有具体说明他希望得到老师帮助的次数或频率。

如果你认为艾伦的新目标不可追踪，请将其重写，使其更具可追踪性。

我会以每周一次的频率向科学老师寻求帮助。

是什么让你认为艾伦的新目标对他意义重大？

艾伦想提高科学课成绩，这样他就能更满意自己在学校的表现。

选出两个能帮助艾伦实现目标的人，并说说他们可以提供哪些帮助。

1. 他的科学老师可以帮助他。

2. 他的朋友卡莱伯可以鼓励他执行计划，如在他不想去向老师寻求帮助的时候，激励他不要放弃。

练习 1

梅西的目标：我想让自己与他人的关系不那么疏离。

将梅西的目标改写为积极表述。

在不久的将来，梅西能实现新目标吗？请给出你的结论并说明理由。

如果你认为梅西的新目标不可实现，请将其重写，使其更有可实现性。

梅西的新目标够具体吗？请给出你的结论并说明理由。

如果你认为梅西的新目标不够具体，请将其重写，使其更具体。

____

____

梅西的新目标可追踪吗？请给出你的结论并说明理由。

____

____

如果你认为梅西的新目标不可实现，请将其重写，使其更有可实现性。

____

____

是什么让你认为梅西的新目标对他意义重大？

____

____

选出两名能帮助梅西实现新目标的人，并说说他们可以提供哪些帮助。

____

____

练习 2

威尔的目标：我想在课堂上不那么害羞。

将威尔的目标改写为积极表述。

____

____

在不久的将来，威尔能实现新目标吗？请给出你的结论并说明理由。

____

____

如果你认为威尔的目标不可实现，请将其重写，使其更有可实现性。

____

____

威尔的新目标够具体吗？请给出你的结论并说明理由。

____

如果你认为威尔的目标不够具体，请将其重写，使其更具体。

____

威尔的新目标可追踪吗？请给出你的结论并说明理由。

如果你认为威尔的目标不可追踪，请将其重写，使其更具可追踪性。

是什么让你认为威尔的目标对他意义重大？

选出两名能帮助威尔实现目标的人，并说说他们可以提供哪些帮助。

你还可以这样做

你已经练习了如何帮他人制定成长型思维目标，那么接下来，请试着制定自己的目标吧！

写一个对你很重要的目标，确保它是积极的、可实现的、具体的和可追踪的。

____

____

在目标的积极陈述部分画一个圈。

在目标的可实现部分画一个框。

在目标的具体化部分旁边画一颗星。

在目标的可追踪部分画下划线。

在试图实现目标过程中，难免会遇到挫折。说出两个能帮助你实现目标的人，并说说他们可以提供哪些帮助。

____

____

现在，你已经制定了自己的成长型思维目标，那么请在接下来的五天，借助表 1–1 来追踪你实现目标的进度。

表 1-1　　目标追踪记录表

天数	为了实现目标，我做了什么	我的想法（包括任何成长型思维的想法）	我的感受
第一天			
第二天			
第三天			
第四天			
第五天			

训练 6：无论快或慢，你都要为想要的改变而努力

你需要知道的

到目前为止，本书重点介绍了一个人具有改变的能力，包括改变自己的行为、想法和感受。

当固定型思维告诉你，你无法改变时，要记得反驳它并制定成长型思维目标，帮助自己采取行动。

然而，本书还没有涉及一些同样重要的问题，即如果没有像期待的那样迅速发生改变，或者你虽竭尽全力却离目标越来越远了，你会怎么做？你要知道以下两点。

- **你并不孤单。**任何试图改变自己的行为、想法或感受的人都是在冒险——冒险本就是一件可怕的事情，因此，能踏出改变这一步的你很勇敢。
- **当做出艰难改变时，挫折不可避免。**即便预知挫折即将到来，也无法让其变得更轻松。

以下为四种常见的策略，你可以看看一些青少年在遇到改变进展缓慢（或与目标大相径庭）时是如何应对的，以及他们

有什么建议。

策略 1：放自己一马

案例：艾米莉亚，17 岁

你不是完美的。犯错乃人之常情，所以，放自己一马吧！就像你会体谅那些苦苦挣扎的人一样。自我打击不会加速改变，我很清楚，因为我尝试过。事实是，你的目标可能对你意义重大，因此你值得去努力寻找不同的解决方案。要知道，错误只是一种提醒，它可以告诉你下一步不要这么做。一次失败并不代表永远都不会成功。

策略 2：回头，看看自己走了多远

案例：杰克逊，16 岁

七年级的某一天，我在课堂上大声朗读时读错了一个单词——“磁铁”。这其实算不上一个很难的词，

但我还是搞砸了，引得同学们哄堂大笑，久久停不下来。从那以后，我在课堂上几乎不说话了。我觉得自己很蠢。有时，我会假装生病不去上学。我讨厌自己一直这么焦虑。因此，当我升入高中时，我希望自己能有个全新的开始。我去找学校辅导员寻求帮助，希望她能帮助我更好地应对焦虑，并与之抗衡。我知道自己还有改进的空间，因为老师们会提醒我多参与课堂互动，至少现在我已经融入了学校的生活，偶尔也会举手回答问题。与以前相比，我为自己目前的状态感到自豪。

策略 3：给自己点时间

案例：科拉，16 岁

我不知道为什么，和别人交谈对我来说是一件很有压力的事，即使对方是我亲密的朋友。我总是担心自己说蠢话，或我喜欢的话题让别人觉得很奇怪。但今年，我开始尝试多与别人交谈，至少是和朋友多交谈，尽管这让我很不舒服。你知道吗？多练习，事情就会变得更容易，所以，放手去做吧。每当我努力去做时，事情的发展都比预期的要好。如果我太紧张了，就会保持沉默，这时候，我会生自己的气……我真的很努力了，为什么事情还是这么难？不过话说回来，我从小就有这个毛病，它跟随了我十几年。给自己一些时间去适应全新的做事方式，这很合理。

策略 4：寻求支持

案例：杰奎，17 岁

有时候，你只是需要一个关心你的人的鼓励。10 年级对我来说很艰难，我觉得自己什么都做不好。我尝试过分散自己的注意力，更积极地思考，但仍不断产生消极情绪。一次偶然的机会，我告诉了一个朋友发生了什么事。

之前，我总是把事情藏在心底，不喜欢拿自己的问题去打扰别人。可是那一次，我在告诉她这件事之后，我的感觉太好了——她能理解我在经历什么。原来，她也有类似的经历，她还告诉我可以找谁交谈，并与我分享了一些曾经对她有帮助的策略。这让我知道了一些我还没有尝试过的方法。另外，我不再感到孤单了，这让我松了一口气。

无论如何，挫折和挣扎都不可避免。最重要的是你如何应对。当改变具有挑战性或进展缓慢时，我们可以试试以上四种策略，看看哪一种最适合自己，让自己能有效应对困难，并坚持到底。

你需要做的

请你看看在这四种策略中，哪种最适合你，并圈出来。

- 放自己一马；
- 回头，看看自己走了多远；
- 给自己点时间；
- 寻求支持。

什么策略对你最有帮助？

____

你为什么觉得这个策略最有效？

如果你曾经使用过其中一种策略，那么在改变进程缓慢时，它在什么时候最有帮助？

如果你曾经使用过其中一种策略，那么在改变进程缓慢时，它在什么时候毫无帮助？

如果你从未使用过其中一种策略，那么在改变进程缓慢时，在哪些情况下你的最佳策略会失效？为什么？

如果你从未使用过其中一种策略，那么在改变进程缓慢时，你认为你的最佳策略在什么时候最有帮助？为什么？

____

____

你还可以这样做

现在，你已经明确了哪种策略最适合自己，以及什么时候能从中获益最多，那么，让我们一起来试试吧！

在接下来的三天里，请使用策略追踪记录（见表 1–2），写下你使用这个策略之前和之后的感受。如果发现在使用最佳策略后，你的感受没有改善，那么请在第二天尝试另一种策略。

表 1–2　策略追踪记录

日期	使用的策略	使用前的感受	使用后的感受

在这三天内，你是否只使用了一种策略？

____

如果你只使用了一种策略，那么它是否在某些情况下更有用，而在某些情况下没什么用？为什么？

____

____

如果你使用了不同的策略，那么你觉得哪种策略更有用呢？

____

____

训练 7：改变思维模式

你需要知道的

青少年难免会遇到挫折、失败和失利，且应对它们绝非易事。你在面对压力和紧张时，很容易陷入固定型思维。这时，你可能会产生诸如“我搞不定”“我永远都做不好”等想法。由于这样的想法频繁出现，因此你常常会对此深信不疑。你可能会因此被禁锢在对自我的错误认知中，认为绝无可能改变或自己永远是个什么样的人。

本书旨在帮助你摆脱这种想法，并牢记这些想法都不是真的。事实上，神经科学展示了与这些想法完全相反的一面：你的想法、行为和大脑中的神经联结构成了完整的你，你具有改变它们的潜在能力。本书后续章节中的练习能帮你找到对你来说最重要的方式，以成就最好的自己。总的来说，它们能帮助你做到以下几点：

- 在出现固定型思维时，抓住它；
- 用实事求是的成长型思维取代不切实际的固定型思维；
- 以成长型思维的方式行事；
- 重复“捕捉－替换－行动”这个过程，并以你想要的方式成长和改变。

本书会在多个章节中介绍众多前沿的脑科学知识，你将了解为什么这些练习能有助于改变自我，以及如何实现这些改变。你不仅会获得帮助自己成长的策略，还可以为他人的改变提供支持。

在做不同的练习时，你会发现其中一些练习很有挑战性。你需要从不同的角度思考和解决问题，这个过程可能会令你感到不舒服、不自在，甚至焦虑不安。如果你发现某项练习特别难，那么这是一个好兆头，因为它意味着你在提升，你的大脑中建立了全新的连接，一切正朝着你想要的方向发生改变。

要想完成这些练习，就要先做出承诺。你需要密切关注自己的想法，并且坚持完成每项练习。如果事情没有按计划进行，那么你可能会产生恐惧甚至气馁，但这些都是实现改变这个过程的一部分。要相信，你的承诺会得到回报。

若想继续阅读本书，就请着重了解以下两点说明：

- 保持记录和追踪（并分辨哪项练习会对你有帮助），这将有助于你明确自己希望改变和成长的方式和原因；
- 由于每个人的期待和挑战都不一样，因此对你而言，本书的某些练习会比其他练习对你更有帮助。

接下来的内容将帮助你明确期待，以及找出哪些练习可以成为实现期待的最佳起点。

你需要做的

要想明确自己的期待，请先思考在你前进的过程中，可能会有哪些障碍？请在你认为可能存在的障碍前的方框内画“√”。

- □ **你很难相信自己能改变。**即使你认为其他人能做到，你也依然无法相信事情会变得更好。
- □ **你很难对抗心中那些“我不能”的声音。**固定型思维总是在你的脑海里大声喧哗、频繁出现，让你无法想象自己有能力摆脱内心那些消极的自我对话。
- □ **你很难明确自己的目标是什么。**虽然你不知道该如何制定目标，但你清楚自己还是能通过某种形式来更好地应对挫折。
- □ **你很难行动起来并坚持下去。**尽管你想改变，但要做的事情似乎太多了，仅是想想就已经感到很累了。也许，事情真的是太多了。
- □ **你很难善待自己（或经常自我批评）。**你经常自我批评，担心对自己松懈会带来不好的结果。
- □ **你很难向他人寻求帮助。**你希望自己能处理好事情，所以往往不会向他人求助，即使你知道他们能帮助你，你也不愿意这么做。
- □ **你在经历压力或失败后很难复原。**你也不知道什么时候该重整旗鼓、再试一次。一时失意真的很痛苦，随后的感受也很难复原。

再从中选择两个最大的障碍——可以是最容易阻碍你前进的障碍，也可以是你最想克服的障碍。在这两个障碍前面做标记，并确定你对每个障碍的期待。以下提供了与这些障碍相关的期待，你不仅可以参考，还可以写下自己的期待。

障碍：你很难相信自己能改变。

期待：找到自己的成长型思维模式。

写下你的期待：______________________________

障碍：你很难对抗心中那些“我不能”的声音。

期待：能识别并抵抗自己的固定思维模式。

写下你的期待：______________________________

障碍：你很难明确自己的目标是什么。

期待：明确自己的价值观，采取与其一致的行为。

写下你的期待：______________________________

障碍：你很难行动起来并坚持下去。

期待：为自己认为有价值的事情做时间规划，对自己在意的事情采取行动。

写下你的期待：______________________________

障碍：你很难善待自己（或经常自我批评）。

期待：学习善待自己（尤其是在挫折之后）。

写下你的期待：______________________________

障碍：你很难向他人寻求帮助。

期待：在生活中找到支持自己的人，并尝试向其请求帮助。

写下你的期待：______________________________

障碍：你在经历压力或失败后很难复原。

期待：从挫折中学习，为未来的成功做规划。

写下你的期待：______________________________

好了，现在你有了两个期待，把它们写下来：

- 期待 1：______________________________
- 期待 2：______________________________

为什么这些期待对你很重要？

____

____

现在，你已经明确了两个最大的障碍和与之对应的期待，

你可以使用以下索引（见表 1–3），找到本书中与你和你的生活最相关的活动。尽管本书中的所有活动都有帮助，但我们建议你务必尝试第三列所建议的训练。

表 1–3　索引

障碍	章序号	训练序号
• 你很难相信自己能改变 • 你很难对抗心中那些“我不能”的声音	2、4	8、10、11、15、16、17
• 你很难明确自己的目标是什么 • 你很难行动起来并坚持下去	2	9、10、11
你很难善待自己（或经常自我批评）	3、4	12、13、14、15、16 、17
你很难向他人寻求帮助	4、5	15、17、19、20
你在经历压力或失败后很难复原	4、5	16、17、18、19 、20

你还可以这样做

在阅读和使用本书的过程中，可以通过追踪对你来说最大的障碍到底能对你的生活带来多大的影响，来衡量目标达成的进展状况。

想一想以上列出的第一个障碍。用 0（这是我人生中最大的困扰）到 10（我已经完全克服了）来评价这个障碍对你的影响的程度如何。

____

依据这个评分标准，你希望它对你的影响达到什么程度？对你来说，到达什么程度是比较容易的？

____

____

如果达到这个程度，你的生活会有什么不同呢？

____

____

想一想以上列出的第二个障碍。用同样的评分标准，这个障碍对你的影响程度如何？

____

依据这个评分标准，你希望它对你的影响达到什么程度？对你而言，哪个程度最容易实现？

____

____

如果达到这个程度，你的生活会有什么不同呢？

____

____

可以反复使用这个评分标准来追踪你实现期待的进展。

第 2 章

尽管生活很艰难，但你也要成为你想成为的人

The Growth Mindset Workbook for Teens

Say Yes to Challenges,Deal with Difficult Emotions & Reach Your Full Potential

训练 8：克服“我不行”的思维模式

你需要知道的

截至目前，你已经了解了内心的“我不行”和“我就是不会”是什么样子，会发出什么样的声音，以及它们通常会在什么时间、什么地点出现。这是一个很好的开始，接下来的问题是，一旦抓住它们，你能做什么？

每当人们面临压力、担忧或挑战时，往往就会出现固定型思维。比如，当你被要求做一些你不自信的事情时；当你冒着被评判的风险站出来时；当你感到孤单、害怕或落寞时。人们之所以会这样，是因为克服固定型思维需要付出努力，但挫折和压力已经让其身体和大脑精疲力竭了。换句话说，克服固定型思维需要花费很多的精力，但挫折和压力却早已将精力消耗殆尽。

结果呢？真正的挑战是，当面临压力时，人们容易陷入固定型思维，而压力使人更容易被错误的固定型思维迷惑。好消息呢？挑战是可以应对的。人是有能力提前计划和练习如何克服固定型思维的。通过仔细思考如何克服这些消极想法，并在出现新挑战之前练习应对步骤，你可为将来应对压力打下良好的基础。当事情变得艰难时，你就能更轻松、更从容地克服消极想法。

如何克服“我不行”和“我永远不会”？以下两个步骤可以帮你。

- **第一步，写下陷入固定型思维而产生的消极想法。**可以是曾经有过的想法，也可以是现在正在思考的事情，还可以是将来可能会有的想法。比如，“我不擅长交朋友”。写下之后，找出哪部分表述该归为固定型思维，它是否包括“我不行”或“我永远是 / 永远不会”这类词汇？
- **第二步，通过改变开头和结尾，把消极想法改写成有益的成长型思维。**比如，在开头加上“我的固定型思维告诉我……”在结尾加上“固定型思维的想法很刻薄，而且它是错的，因为……”记住，内心想法讲述的是自己的故事，可以随心改写。

第二步比第一步棘手一些，但只要加以练习就能得心应手。以下是 14 岁的汤丽分享的她在生活中使用上述步骤的经历。

案例：汤丽的故事

昨天，我给一个女孩发短信，说我想和她成为朋友，但她没有回复。我发现自己陷入了固定型思维，开始胡思乱想，如“我很奇怪”“我不擅长交朋友”。我有时会被这些想法迷惑，但我很清楚，它们对我毫无益处。因此，我试着用练习过的步骤重写它们。

首先，我把它们写下来，并圈出其固定型思维的表述部分，比如“我很奇怪”和“我不擅长交朋友”。这样，可以清晰地看出哪些部分不是完全正确的，因为没有人会永远陷入一种困境。然后，我给这个想法添加了一个新的开头：“我的固定型思维说我很奇怪，不擅长交朋友。”在这之后，我发现这个想法不再是我内心的呐喊，而只是我的固定型思维在说话罢了。最后，我加了一个不同的结尾，沿用了我练习时想到的结尾：“这个想法很刻薄，而且是错的，事情会越来越好的。”我还额外补充了一句：“我有几个好朋友，所以我在交朋友方面并没有那么差。”

改写想法并不能解决一切问题，但能让我感觉好多了。我知道事情可以改变，至少比以前有了更多的希望。

人们常常会陷入固定型思维，这很正常，而且它们避无可避。你可以提前制订计划并练习如何应对它们，这样在它们真正出现时，你就能从容应对了，即掌控自己的想法和故事。

你需要做的

参考下述青少年分享的固定型思维，练习如何克服它们。

练习 1

乔伊，15 岁。乔伊的历史成绩之前都能得 A 或 B。然而，在最近的一次测验中，她得了 C–。她想：“怎么会这样呢？我学习很差。”

第一步：圈出乔伊固定型思维的陈述部分。

你认为乔伊在产生了这个想法后会做何感想？

____

____

你认为乔伊会如何回应这个想法？

____

____

第二步：通过添加新的开头和结尾，改写乔伊的这个想法。

____

____

你认为乔伊对这个新想法会做何感想？

____

____

你认为乔伊将如何回应这个新想法？

____

____

练习 2

亚历克斯，16 岁。亚历克斯发现，他的几个朋友在上周末去看电影了，但没有约他同去。他想："我总会遇到这种事，我永远都交不到真心朋友。"

第一步：圈出亚历克斯固定型思维的陈述部分。

你认为亚历克斯在产生了这个想法后会做何感想？

____

______

你认为亚历克斯会如何回应这个想法？

______

______

第二步：通过添加新的开头和结尾，改写亚历克斯的这个想法。

______

______

你认为亚历克斯对这个新想法会做何感想？

______

______

你认为亚历克斯将如何回应这个新想法？

______

______

你还可以这样做

回想生活中的一个曾让你感到担忧、压力或悲伤的方面，并思考其中曾让你产生消极情绪的情景。试着选择一个经常出现的情景，尤其是将来还需要不得不再次面对并让你陷入固定型思维的事情（如果你想不出例子，可以参考训练 6）。

在学习方面（如担心即将到来的考试、被作业压得不堪重负、成绩退步等），你选择什么情景？

____

____

在与同伴相处方面（如尝试结交新朋友、和朋友争吵、担心别人对你的看法等），你选择什么情景？

____

____

很多青少年不仅会在学习和与同伴相处方面存在很多困扰，还会在其他方面（如家庭关系或社会活动情况等）遇到挑战。

哪个方面对你来说是困难的？

____

你选择什么情景？

参照上述信息，写下你最近一次陷入紧张境地时发生了什么。

当时你和谁在一起？

什么时候发生的？在什么地方？

在这种情景下，你有什么感受？

在这种情景下，你有哪些固定型思维？试着把困扰你的想法全部写下来，并圈出想法中固定型思维的陈述部分。

____

____

请为这个想法添加一个新开头和新结尾，让它对你更有帮助（记住，只有你真的相信，改写后的想法才能对你有帮助）。

____

____

训练 9：了解你的价值观

你需要知道的

现在，你已经了解了你为什么有能力改变（因为大脑有提升的潜力），以及如何反抗那些阻碍你的固定型思维。那么，哪些改变才是需要争取的呢？采取哪些措施对你的日常生活影响最大？如何成为你想要成为的“你”？

对于这些问题，每个人都有不同的答案。要想得到答案，你就要先确定你的价值观，即日常生活中对你最重要的且能赋予你生活意义的事。人际关系、勇气、诚实和教育都能反映出一个人的价值观。你的价值观反映了你关心什么、你的立场是什么、你认为什么才是真正重要的，这些对每个人来说都是不同的。当人们能够按照个人价值观行事时，他们会感觉那才是最真实和最好的自己。

遵从自己的价值观生活，听起来很容易。毕竟，价值观反映的是对一个人来说最重要的事情，所以遵循它们生活是很自然的，对吧？

然而，要想在现实生活中真正做到遵从自己的价值观则比较难。在这项训练中，你将了解什么是价值观，以及哪些价值观对你来说最重要。这能帮助你弄清楚你最希望成长的方式，并在未来的生活中感受那个最真实的“你”。

价值观和目标有何不同？价值观是我们不断前进的方向，遵从价值观生活就像向西旅行——无论你走多远，你都无法真正抵达，因为“向西”只是一个方向，而不是目的地。目标是我们希望抵达的目的地，它更像是地标，即沿着你选定的方向旅行时，你希望穿越的河流、山脉或山谷。

比如，“成为一名努力、上进的学习者”是一个你每天都可以遵从的价值观，且在生活中遵从这个价值观是一个持续的过程。相较而言，“高中毕业”则是一个目标，一旦实现，就可以从待办清单上划掉它。也就是说，只要高中毕业，这个目标就算完成了，即使你可能仍会作为学习者继续求学（如上大学）。“成为一名努力、上进的学习者”是一个持续的过程，没有明确的终点。这可以作为你分辨它是价值观还是目标的依据。

为什么了解自己的价值观很有帮助？因为要想按照价值观行事（即用价值观指导行动），就要先弄清楚它是什么。遵从价值观行事，可以帮助你发展自己最偏爱的那一面，即你真正喜欢的以及对你真正重要的那一面。了解你的价值观，可以帮助你反抗固定型思维，并采取与之相反的行动。了解自己的价值观并遵从它生活，能帮助你掌控自己的人生方向，确保每一天都做自己。

还需要注意的是，你的价值观会发生改变，无论是时间的流逝，还是你自己所处的情景，以及你自身的改变，都会对其产生影响。请牢记价值观可以（正在发生 / 可能已经发生）改变这一事实，这将对你大有帮助。

你需要做的

一个人可以拥有数百个价值观，而且每个价值观对不同的人都有不同的含义。图 2–1 中列出了一些常见价值观，其中有的价值观对你而言可能比其他的更重要。如果你想要的价值观没有列在图中，那么你可以将其添加到“我的价值观”的方框中。价值观没有对错之分，关键是找出哪些对你最重要。在每个价值观下面，写下它对你的意义。然后，以 0（一点都不重要）到 10（最重要）的等级评估这个价值观对你的重要性——无论是现在还是在五年前。

注意，价值观对个体的意义因人而异，并没有统一的标准。比如，对某个人来说，关系可能意味着“花很多的时间与我关心的人在一起”；对另一个人来说，关系则意味着“当朋友需要我时，给予支持”。对一个人来说，健康可能意味着“通过身体锻炼保持健康”；对另一个人而言，健康则意味着“做我喜欢的活动来保持快乐和健康”。任何你觉得合适的价值观描述，都可以使用。

请圈出如今在你看来最重要的三个价值观。针对每个价值观，说说它为什么对你很重要。写下与这个价值观相关的事情，哪些是你在接下来的 24 小时内可以做的（即你的近期目标），哪些是你在接下来的一周内可以做的（即你的短期目标），哪些是你在接下来的一两年内可以做的（即你的长期目标）。最后，如果随着时间推移，这个价值观的重要性发生了变化——无论是变得更重要，还是变得没那么重要，那么说一说，你觉得为

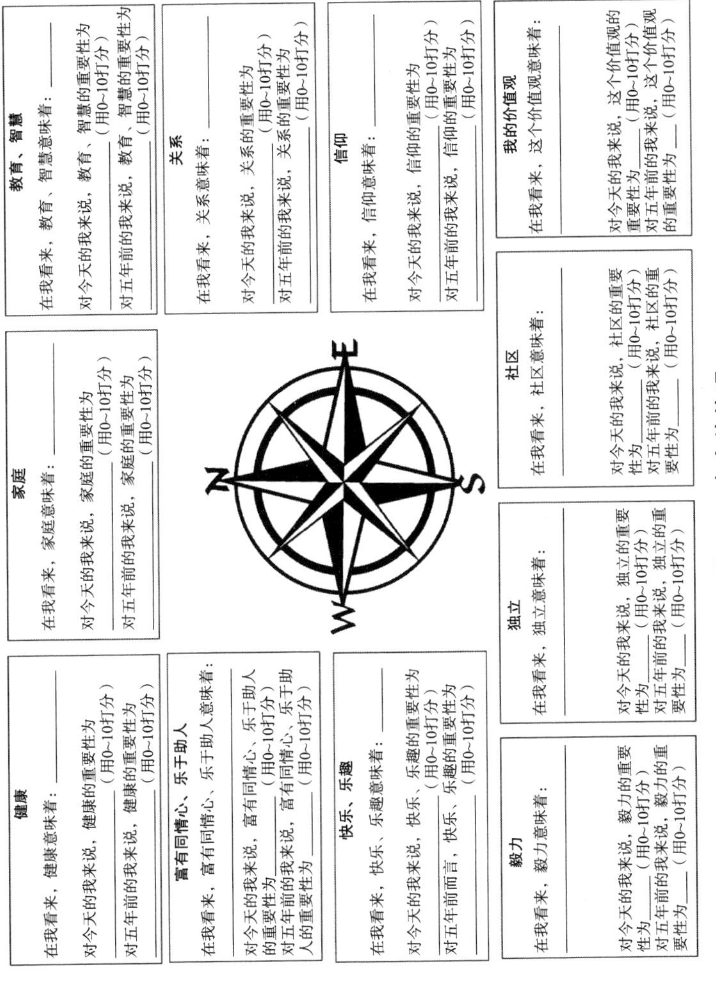
健康
在我看来，健康意味着：________
对今天的我来说，健康的重要性为
________（用0~10打分）
对五年前的我来说，健康的重要性为
________（用0~10打分）
家庭
在我看来，家庭意味着：________
对今天的我来说，家庭的重要性为
________（用0~10打分）
对五年前的我来说，家庭的重要性为
________（用0~10打分）
教育、智慧
在我看来，教育、智慧意味着：________
对今天的我来说，教育、智慧的重要性为
________（用0~10打分）
对五年前的我来说，教育、智慧的重要性为
________（用0~10打分）
富有同情心、乐于助人
在我看来，富有同情心、乐于助人意味着：
____
对今天的我来说，富有同情心、乐于助人的重要性为________（用0~10打分）
对五年前的我来说，富有同情心、乐于助人的重要性为________（用0~10打分）
N
W
E
S
关系
在我看来，关系意味着：________
对今天的我来说，关系的重要性为
________（用0~10打分）
对五年前的我来说，关系的重要性为
________（用0~10打分）
快乐、乐趣
在我看来，快乐、乐趣意味着：________
对今天的我来说，快乐、乐趣的重要性为
________（用0~10打分）
对五年前而言，快乐、乐趣的重要性为
________（用0~10打分）
信仰
在我看来，信仰意味着：________
对今天的我来说，信仰的重要性为
________（用0~10打分）
对五年前的我来说，信仰的重要性为
________（用0~10打分）
毅力
在我看来，毅力意味着：
____
对今天的我来说，毅力的重要性为______（用0~10打分）
对五年前的我来说，毅力的重要性为____（用0~10打分）
独立
在我看来，独立意味着：
____
对今天的我来说，独立的重要性为______（用0~10打分）
对五年前的我来说，独立的重要性为____（用0~10打分）
社区
在我看来，社区意味着：
____
对今天的我来说，社区的重要性为________（用0~10打分）
对五年前的我来说，社区的重要性为______（用0~10打分）
我的价值观
在我看来，这个价值观意味着：
____
对今天的我来说，这个价值观的重要性为_____（用0~10打分）
对五年前的我来说，这个价值观的重要性为___（用0~10打分）

图 2-1　个人价值观

什么会发生改变？如果价值观的重要性没有改变，那么你可以跳过这一步。

价值观 1：________________________________

为什么它对你很重要：________________________

____

你的近期目标：____________________________

____

你的短期目标：____________________________

____

你的长期目标：____________________________

____

如果这个价值观随着时间的推移发生了变化，你认为是什么原因呢？

____

____

价值观 2：________________________________

为什么它对你很重要：________________________

____

你的近期目标：__________________________________

____

你的短期目标：__________________________________

____

你的长期目标：__________________________________

____

如果这个价值观随着时间的推移发生了变化，你认为是什么原因呢？

____

____

价值观 3：______________________________________

为什么它对你很重要：____________________________

____

你的近期目标：__________________________________

____

你的短期目标：______________________________

____

你的长期目标：______________________________

____

如果这个价值观随着时间的推移发生了变化，你认为是什么原因呢？

____

____

你还可以这样做

从三个价值观中选择一个，你重点关注的是：__________

回想你表达这个价值观或遵从这个价值观行事时的情景，回答以下问题并请尽可能详细地描述。

当你表达这个价值观或遵从这个价值观行事时，遇到了哪些障碍？

____

____

你是如何表达自己的价值观的（比如，你采取了哪些行动）？你在这样做了之后，你有什么感受？

____

____

当你表达这个价值观时，你在想什么？

____

____

当你遵从这个价值观行事时，其他人是什么反应？

____

____

现在，请你想一想你生活中即将发生的事件和情景。在不久的将来（如下周），试着找到一个可以遵从这个价值观行事的机会。回答以下问题，请尽可能详细描述。

这个机会可能在什么时候出现？

____

____

将在哪里出现？

____

____

如果当时有人和你在一起，你觉得会是谁？

____

____

谁可以提醒你遵从这个价值观行事？

____

训练 10：用价值观抵抗固定型思维

你需要知道的

一旦你明确了自己的价值观，就可以付诸行动了。只要一个人能遵从自己的价值观行事，就能克服那些阻碍前进的固定型思维，成为自己最想成为的人，进而用它指导自己的行为。

当难以抵抗消极思维和固定型思维时，你的价值观可以激励你勇敢面对。高压力容易引发固定型思维，也容易让你注意力涣散、疲惫不堪、不知所措，而且它们还会让你难以把消极想法纠正为真实有益的想法。有时，你需要一个推动力才行——思考你的价值观将能帮助你。这是一个机会，一个改写固定型思维、获得依价值观去行动的机会。

如果你的核心价值观是善良，那么改写固定型思维可以作为向自己表达善意的机会；如果你重视诚实，那么通过反驳虚假、固化的自我对话，你可以表达真实的想法；或者，如果你最在乎亲密关系，那么在这种情况下挑战固定型思维，你将有足够的心灵空间来处理与朋友的关系。

简言之，克服固化的消极想法可以让你有机会遵从你的价值观行事，并让你成为你想成为的人。

在以下案例中，13 岁的罗西了解了自己的价值观，从而抵抗了固定型思维。

案例：罗西的故事

我很重视的一个价值观是坚持不懈，即坚持到底，直到找出解决方案。这对我很重要，因为我的母亲曾在生活中挣扎了很久，但她想办法渡过了难关。我很佩服她这一点。所以，我最近试着对抗了很多不好的想法，比如，在我把事情搞砸后，会产生类似于“我永远都不够好”“我不够聪明”等想法。不过，我知道这些想法不是真的，它们只是我大脑中的固定型思维而已。在它们出现后，我会试着告诉自己：“你可以克服它们，因为你是母亲的女儿。”我通过类似的话语不断提醒自己，我是一个能坚持不懈并能找到出路的人，或者至少我可以试试，就像我的母亲那样。

牢记价值观，不仅可以帮你抵抗固定型思维，还能帮你成为自己真正想成为的人。

你需要做的

有时，你可能会帮助其他人应对他们的固定型思维。比如，朋友或家人可能会向你倾诉他们对自己能否成功、改变或成长感到沮丧或气馁。

想一想你帮助生活中的某个人应对消极想法或感觉的经历。

你帮助了谁？

____

当时发生了什么？

____

____

在向他们伸出援手后，你有什么感受？

____

____

在帮助他们时，是什么价值观推动你做出了行动？从以下价值观列表中圈出两个，或在空白处添加新的。

- 善良；
- 勇气；
- 独立；
- 智慧；
- 富有同情心；
- 坚持不懈；
- 健康；
- 其他：________；
- 其他：________；
- 其他：________。

帮助这个人时，你是如何遵从价值观行事的？

我遵从第一个价值观——________，做了 / 说了________。

我遵从第二个价值观——________，做了 / 说了________。

将来，当出现固定型思维时，你可以按照以上价值观采取行动帮助自己。

与帮助他人相比，你觉得帮助自己是更容易还是更难？为什么？

____

____

将来，你认为对自己说些什么可以让你更容易向自己伸出援手？

____

____

你还可以这样做

在这个星期，当固定型思维出现时，试着练习如何遵从自己的价值观行事。首先，选择两个价值观，以帮助自己采取行动。

价值观 1：______________________________

要想遵从这个价值观行事，你会采取什么行动来帮助自己应对固定型思维？

我会告诉自己：__________________________

我可以采取的一个行动是：__________________

价值观 2：______________________________

要想遵从这个价值观行事，你会采取什么行动来帮助自己应对固定型思维？

我会告诉自己：__________________________

我可以采取的一个行动是：__________________

接下来，试着遵从自己的价值观行事，以应对固定型思维。看看在这一周里，你能否做到两次。以下为示例。

日期：4 月 15 日；时间：上午 8 点

当时发生了什么？

我妹妹和她最好的朋友大吵了一架，她很难过。虽然我很想帮她，但我不知道该怎么做。

你产生了哪些固化的想法？

作为姐姐，我很差劲，当妹妹需要我时，我却不知道该如何帮助她。

你选择了遵从哪种价值观来采取行动？你是怎么做的？

富有同情心。我告诉自己，我不需要知道如何帮助她，但我可以尝试；我通过告诉她我会一直在她身边来展示我对她的同情。

进展如何？

很成功！我发现只是陪在她身边就能让她感觉好一点，这也让我感觉好多了。

现在，轮到你了。

情景 1

日期：__________；时间：__________

当时发生了什么？

____

____

你产生了哪些固化的想法（圈出让这些想法成为固定型思

维的部分）？

____

____

你选择了遵从哪种价值观来采取行动？你是怎么做的？

____

____

进展如何？

____

____

情景 2

日期：__________；时间：__________

当时发生了什么？

____

____

你产生了哪些固化的想法（圈出让这些想法成为固定型思维的部分）？

____

____

你选择了遵从哪种价值观来采取行动？你是怎么做的？

____

____

进展如何？

____

____

☐ 训练 11：用价值观掌控情绪

你需要知道的

你所选择的行为方式，包括是否以及何时按照价值观行事，不仅能帮助你击退无益的固定型思维，还能改变你的感受，无论你的感受是好是坏（如经受压力和挫折之后的感受）。

案例：凯特的故事

我今年 16 岁。我从 8 岁开始打排球，这一直是我最喜欢做的事。去年，我决定加入校排球队。我最要好的朋友被校排球队选上了，我却没有被选上。对此，我很难过。朋友感觉很好，我对自己却很生气。我觉得“我能做到”这个想法很愚蠢。从那以后，事情变得很糟糕。我只想封闭自己，诸如和朋友出去玩、上学等事情，都变得让我难以承受。我没有精力做任何事情，即使是我很在意的事。那段时间我很低落，我不明白发生了什么。我记得当时我只是在想，我还能找回自我吗？

其实，凯特的故事很常见。了解大脑是如何工作的，也许能帮上忙。压力事件（没有被选上校排球队）会让大脑自动触发“必须逃避”的反应机制。这个机制保证了早期人类的安全（它帮助我们避免被野兽吃掉）。有时，它仍能保护你免受危险（例如，提醒你要等交通灯变绿后再穿过交通繁忙的街道），但有时，大脑则可能会因此出错。这个反应机制可能会让大脑停留在“必须逃避”的时间比你所需要的更长——即使是“危险”或压力事件早已结束。

在凯特的例子中，她的大脑犯了一个错：它让凯特逃避太久，导致她陷入了消极情绪的漩涡（见图 2–2）。她开始感到悲伤，没有动力去做她在意的事，即使是与排球无关的事。

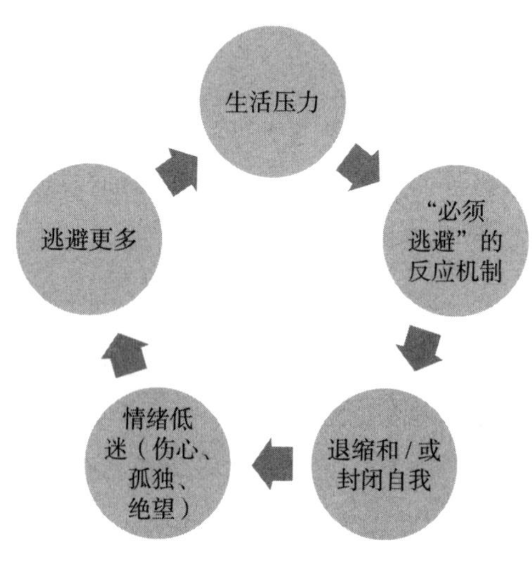

图 2–2　凯特消极情绪的漩涡

你承受的压力越大，就越难享受自己曾经热爱的事，也越容易陷入负面漩涡中。很多青少年都有过类似的经历。在美国，有 20% 未满 18 岁的青少年会陷入持续两周或更长时间的负面情绪漩涡中。

好消息是，只要按自己的价值观行事，就可以跳出负面漩涡。研究表明，至少有以下三种基于价值观的行动有助于跳出负面漩涡：

- 与让你感觉良好的人保持联系（相关的价值观：关系、富有同情心、社区）；
- 实现你的重要目标（相关的价值观：毅力，教育和智慧）；
- 独自享受活动（相关的价值观：健康，快乐和乐趣，独立）。

在了解到基于价值观的行动可以帮助自己跳出负面漩涡之后，为了更好地应对问题，凯特采取了以下措施。

案例：凯特的故事

起初，我不确定如何遵从自己的价值观行事。我之前并没想过这种事。对此，我唯一能想到的就是做点带有个人特色的事。这听起来似乎太简单不过了，但我就是这样做的。我开始专注于摄影，因为我觉得看世间美景真的很重要。另外，这件事是只为自己而做的，所以不管结果如何，我都感觉很好。不管怎样，我都会和最要好的朋友一起出去玩……排球除外。这样持续了一段时间后，我开始重新感受到了那个真实的自己。我不会假装事情一下子就恢复了正常，但做自己在意的事（即使我真的不喜欢它）也会让事情变得更容易。

通过遵从“人际关系”“快乐、乐趣”和“独立”的价值观来行事，凯特帮助自己跳出了负面漩涡。她成功的关键是什么？她意识到只有在做真实的自己、做在意的事情时，自己的感觉才是最好的。你也可以这样做：了解自己的价值观，并遵从它行事，这样既可以帮助你应对艰难时期，还能帮助你成长为你想成为的自己。

你需要做的

想要在未来跳出消极漩涡，你就要先制订一个遵从你的价值观行事的计划。这个计划将包括以下方式：

- 与让你感觉良好的人保持联系；
- 实现你的重要目标；
- 独自享受活动。

与让你感觉良好的人保持联系

在以下可以与让你感觉良好的人保持联系的方式的方框前画“√”，也可以添加其他联系方式：

☐ 按照新食谱烘烤或烹饪食物；

☐ 散步；

☐ 享受美食 / 零食；

☐ 坐在一起聊天；

☐ 打电话；

☐ 看电影；

☐ 看搞笑视频；

☐ 听歌；

☐ 玩电子游戏；

☐ 运动；

☐ 视频聊天；

☐ 其他：________________________________。

回答以下问题，规划你的联系方式。

你选择了什么活动？

____

你会选择一周中的哪一天（或哪几天）来完成这件事？

____

你会选择一天中的哪个时间（或哪些时间）来完成这件事？

____

你会把地点选在哪里？

____

你每次会花多长时间？

____

如果可以，你会和谁在一起？

____

哪些价值观将帮助你采取这项行动？

____

实现你的重要目标

制定一个能体现你的核心价值观的目标，然后朝着目标努力。

你的目标是什么？

____

____

想一个短期行动，以帮助你达到这个目标。比如，如果你的长期目标是“建立或保持关系”，那么你的短期行动可能是“和新朋友一起去一个新的地方”或“为朋友或家人做点好事”。

回答以下问题，规划这个行动的详细步骤。

你想采取的短期行动是什么？

____

你会选择一周中的哪一天（或哪几天）来完成这件事？

____

你会选择一天中的哪个时间（或哪些时间）来完成这件事？

____

你会把地点选在哪里？

____

你每次会花多长时间？

____

如果可以，你会和谁在一起？

____

哪些价值观将帮助你采取这项行动？

____

独自享受活动

制订一个独自享受的活动计划。

可以从前文的列表中选择你最喜欢的活动。试着选择一些对你来说比较容易坚持的事。

你选择了什么活动？

____

回答以下问题，规划这个行动的详细步骤。

你选择了什么活动？

____

你会选择一周中的哪天完成这件事？

____

你会选择一天中的哪个时间？

____

你会把地点选在哪里？

____

你每次会花多长时间？

____

如果可以，你会和谁在一起？

____

哪些价值观将帮助你采取这项行动？

____

你还可以这样做

根据你上面的回答，制订你的最终行动计划。

1. 为了与我感觉良好的人建立联系，我将

选择的活动是：______________________________

每周选择的时间是：______________________________

在这一天选择的时间是：______________________________

每次花多长时间：______________________________

我会和谁在一起：______________________________

2. 为了实现重要目标，我将

采取的短期行动是：______________________________

每周选择的时间是：______________________________

在这一天选择的时间是：________________________

每次花多长时间：____________________________

我会和谁在一起：____________________________

3. 为了独自享受一项活动，我将

选择的活动是：______________________________

每周选择的时间是：__________________________

在这一天选择的时间是：________________________

每次花多长时间：____________________________

我会和谁在一起：____________________________

你可以制作一张工作表来记录和跟踪你基于价值观的行动。建议每周都去完成这张工作表，直到你的负面漩涡出现的频率降低。

第 3 章

视己为友

The Growth Mindset Workbook for Teens

Say Yes to Challenges,Deal with Difficult Emotions & Reach Your Full Potential

□ 训练12：大脑会犯错

你需要知道的

通过前文的介绍，我们已经了解了大脑有多神奇——大脑能成长和改变，能让我们学习新技能；尽管我们的大脑非常神奇，但它有时也会欺骗我们。

正在阅读的你可能会想："等等，什么？我如何知道我的大脑是否在欺骗我呢？如果它此时此刻就在骗我呢？！"幸运的是，学习脑科学可以帮助我们更为准确地理解大脑，尽管现在人们还无法彻底窥探大脑的全貌。

学习脑科学可以帮助我们了解大脑的不同结构以及每个结构的功能。边缘系统（limbic system）是大脑的一个重要结构，由大脑的几个部分组成，它们协同工作，帮助人快速做出决策。边缘系统之所以这样高效，是因为它会寻找模式，然后做出超速猜测。

事情是这样的：如果大脑的这个结构能在一组数字、字母或大多数东西中找到模式，它就能出色地完成任务。即使句子中有一些错字或者语法错误，它也能让你理解一句话的大概意思。是的，边缘系统只需要查看句子中的那些准确的部分，就能理解其余部分了。

不过，在执行更复杂的任务时（如应对压力和挫折），边缘系统就可能会出错。因为它在试图快速匹配复杂的模式，所以可能会搞不清哪些操作才是最有帮助的。不妨来看看杰瑞德的故事。

案例：杰瑞德的故事

在“校园精神周”[①]期间，学生是允许戴帽子的。因为学校平时不允许学生戴帽子，所以在那个星期，我每天都会戴上最喜欢的帽子！当时，我在不同的教室分别参加了三场大型考试，我在这些考试中的表现比以往都要好。我知道这听起来很奇怪，但是由于我后来在考试时不再戴帽子了，所以我感到很焦虑，仿佛我不戴帽子就做不好事情似的。现在我知道了，是大脑搞混了哪些行为能帮助我在考试中做得更好。它

① “校园精神周”（spirit week），又被称为“个性展示周”，是欧美传统学校特有的活动。学校通过这种另类、疯狂的活动，帮助学生激发创造性，尽情展现自己的个性，充分发挥娱乐精神。在“校园精神周”期间，每天都设置了不同的主题，全校师生来学校时，都可以根据当天的主题将自己打扮成很有个性的模样。

试图告诉我那是帽子的功劳，但真实的原因是，我会在那些科目上更多地请教老师和同学。

如果你曾成功完成了某件事，边缘系统就会让你沿用同样的行为去完成类似的事，即使这些行为与你的成功毫无关系。

你需要做的

边缘系统是否曾试图欺骗你，让你认为某个行为是有帮助的，但实际上却毫无用处？想一想，找出一个例子。如果你毫无头绪，那么可以重新阅读“杰瑞德的故事”来找找灵感。

在这种情况下，你的目标是什么？

____

你的大脑（错误地）告诉你什么行动有助于实现目标？

____

你还可以这样做

当边缘系统出错时，我们往往可以采取其他行为来补救。如果一个朋友也陷入了和你同样的境地，那么你会告诉他如何来补救吗？可以是你实际做过的事情，也可以是你现在想到的办法。试着说出至少两件有帮助的事。

训练 13：善待自己有帮助，刻薄自己则无济于事

你需要知道的

如果你和大多数青少年一样，那么你可能会经常感到压力重重。青少年的确面临着各种各样的压力：保持成绩、在课外活动中表现出色、受同龄人欢迎等。你有时可能会认为，应对这些压力的唯一方法就是逼自己一把。十几岁的孩子的确会经常这样想："如果我对自己严厉一点，也许我就能把事情做好。"

这种想法很有诱惑力，尤其是当它看起来奏效时。也许你有过对自己苛刻的经历——自我批评、对自己不依不饶，甚至

对自己很刻薄，然后得到你想要的结果（如数学考试得 A）。你最终可能会认定，对自己狠一点是你成功的原因。

这简直太不靠谱了！当你心中有一个重要目标时，你的边缘系统（大脑中匹配模式的部分）通常会将“对自己刻薄”与“成功”相匹配，这仅仅是因为两者的发生过程非常紧密。但大脑把它们放在一起并不意味着它们真的具有因果关系。已有研究结果表明，对自己刻薄并没有帮助，而且这样还会让成功和实现目标变得更难而非更容易。

科学家们是如何发现对自己刻薄会更难获得成功的呢？源于他们在各地收集和研究了数千名青少年的经历。这项研究表明，犯错后对自己刻薄的青少年对学校的感觉更糟，随着时间的推移，成绩也会更差。可见，对自己刻薄并不能帮助人们获得成功。

有研究表明，与对自己过于苛刻的青少年相比，对自己更友善、给自己调整时间、为自己加油打气的青少年最终获得成功的概率要高得多。此外，搞砸后（无论是与朋友相处还是在课堂上的表现）对自己更友善的孩子都更容易从错误中吸取教训，并在未来以他们希望的方式行事。总而言之，善待自己有助于成功，能更好地反映自己的真实情况。如果大脑把“对自己刻薄”和“成功”相匹配，它展示的就是一种非真实存在的模式。

案例：杰西的故事

16 岁的杰西说："今年早些时候，我要在全班同学面前做项目报告。我很担心自己搞砸或在大家面前说错话。每次在练习时犯了错，我都会对自己冷嘲热讽。我以为，这能让我加倍努力做得更好，但这似乎只能让我更焦虑，而且让我对自己的感觉更糟了。我一直都没能完成练习，因为我总是很沮丧。

"最重要的是，我甚至都无法判断我在演讲当天的表现如何。因为我一遍又一遍地嘲讽自己，所以站在台上说话的整个过程中，我都感觉很糟糕。我根本无法判断我是做得很好，还是让自己颜面扫地了。"

杰西的故事展示了对自己刻薄是如何阻碍实现目标的。值得庆幸的是，由于大脑是为了学习和建立新连接而构建的，因此你可以在犯错后通过改变对待自己的方式进行补救。犯错后，多练习善待自己，大脑会因此创建新连接，善待自己也会变得更容易。

你可以经常练习对自己更友善，以帮助自己朝目标努力。

你需要做的

在接下来的一周里，试着关注自己是否犯错了。任何情况下（如和朋友在一起时、在学校或在家时）的错误都算，可以是一个大错误，也可以是一个小错误。当你意识到错误时，请尽可能详细地回答以下问题。答案没有对错，写下你的真实反应就可以。

发生了什么？当时你在哪里？你和谁在一起？

____

____

犯错后你有什么想法？

____

____

有了这个想法后，你有什么感受？

____

____

对自己的错误，你有哪些更友善的想法？

____

____

花点时间认真思考一下这个更友善的想法。在尝试用这种更友善的想法对待自己后，你是什么感受？善待自己是难还是容易？

____

____

你还可以这样做

使用以下问题，访问一位家庭成员，请他们谈谈关于自我批评和自我友善的个人经历，并记录他们的回答。

几乎每个人都有故事可讲！

受访者：______________________________

你有过自我批评或对自己太苛刻的经历吗？当时发生了什么？

____

____

科学研究告诉我们，过于倾向自我批评会阻碍我们实现目标。你觉得是为什么呢？

____

你为什么会认同“善待自我能帮助人们实现目标”这个观点？

对自己好一点对你来说难吗？如果很难，那么什么能让这件事变得更容易呢？

训练 14：架起通往善待自己的桥梁

你需要知道的

即使我们知道善待自己可以让生活更美好，但实际上很难做到。有时，对自己更友善的想法可能会让人感觉像眺望峡谷遥远的另一边。你可能看到了另一边是什么样子，但模糊不清、难以辨认细节，而且你完全不清楚该如何到达那里。

要想在峡谷上架起一座桥梁，最有力的方法之一就是打破关于善待自我的常见误区。

误区：善待自己就是自私。

真相：善待自己，利己利人。如果在善待他人的同时也能善待自己，就能更好地帮助朋友克服困难，在他们情绪低落时给他们打气，在他们成功时为他们加油！

误区：善待自己与自尊差不多。

真相：“自尊”和“善待自己”经常同时被提及，但它们有着重要的区别。自尊是一种基于他人评价和自我评价以及自己在各种活动（如学校生活、体育或艺术）中的表现来评估自己的方式。善待自己则鼓励人们将自己视为值得被善待的人，无论别人（甚至是你自己）如何评价，也无论考试等表现如何。已有非常可靠的科学研究结果表明，如果青少年强调善待自己的观点，而不是自尊的观点，他们就能更好地从困境中恢复过来（如在课堂练习演讲后得到刻薄的评价）。

误区：善待自己主要是指在自己身上花很多钱或做非常高调、能吸引眼球的事。

真相：我们可能会在社交媒体上看到有人打着“善待自己”

的标签，却在展示很多昂贵、炫目的东西，但真正的善待自己可以如我们所希望的那样自由和简单。许多品牌试图利用年轻人学习善待自己来赚钱，也试图重新定义“善待自己”，即购买它们的产品就是善待自己的表现。值得庆幸的是，善待自己可以是重读自己最喜欢的书、和家里的宠物玩耍、写下自己关于新漫画小说的想法、看看有趣的视频，以及许多其他免费的、简单易行的活动。偶尔买东西作为一种善待自己的做法并没有错，但从长远来看，了解有哪些免费又轻松的善待自己的活动会更有帮助。

你需要做的

以下为三组句子，在能体现善待自己观点的句子前面的方框中画“√”，并在体现自尊观点的句子前面的方框中画“△”。提醒一下，善待自己的观点是指无论你或他人说什么或你表现如何，你都是有价值的；而自尊的观点是指你的价值主要体现在自己和他人对你的评价或你表现如何。

☐ 我知道我成功了，因为我在健身房里跑步的速度比目标速度快了一英里[①]。

① 1 英里 ≈1.6 千米。——译者注

- ☐ 我知道我成功了，因为即使感觉不好或跑不快，我也没有退缩，我为自己骄傲。
- ☐ 我知道自己很聪明，因为我在最近三项测试中得了 A。
- ☐ 我知道我学习不错，因为我全身心投入到了学习中，尽管最近三项测试的成绩没有达到期望。
- ☐ 我已经证明了自己不用刻意去照顾我自己了，对此我非常自豪。
- ☐ 我自己能照顾好自己，也能与人为善，对此我非常自豪。

在每一组中，哪一句体现了善待自己的观点，哪一句体现了自尊的观点？你可能已经发现了，在每组中，都是第一句体现了自尊的观点，第二句体现了善待自我的观点。

从自尊的角度来看，人们似乎过得更好。然而，假设他们遇到了一些困难，如果他们一开始跑得不够快，在测试中表现不佳，或觉得自己确实需要帮助，那么你觉得他们会怎么想？

____

____

如果从自尊的角度转向善待自己的角度，你觉得他们会从中受益吗？

____

你还可以这样做

挑战一下，试着列出一些免费的、几乎每天都可以做的善待自己的方法。如果你需要帮助，那么你可以参考上文中的一些例子，比如：重读自己最喜欢的书、和家里的宠物玩耍、写下你关于新漫画小说的想法，或看有趣的视频。试着列出至少三件事，然后将它们保存在手机中（或记在卡片上），以便你在善待自己的过程中碰到阻碍时随时查看。

第 4 章

像对待好朋友一样对待自己

The Growth Mindset
Workbook for Teens

Say Yes to Challenges,Deal with Difficult
Emotions & Reach Your Full Potential

训练 15：识别你对自己的刻薄想法

你需要知道的

要想对自己更友善，就要先识别你对自己的刻薄想法。以下这些线索可以帮助你识别这些想法。

线索 1：行动

密切关注你的行动或正在做的事（如散步或与朋友交谈），可以帮助你识别刻薄的想法。面对挫折，善意的想法能鼓励你去做关怀自己的活动（如听喜欢的歌、读喜欢的作者的书，或是和朋友联系）。刻薄的想法经常会阻止你去做一些关怀自己的事，告诉你去忽视朋友或放弃爱好。

线索 2：想法

善意的想法是耐心的、宽容的（如“就算那个孩子不喜欢我也没关系，我认识很多喜欢和我做朋友的人”），而刻薄的想法则是不耐烦的、无情的（如“为什么我交不到朋友？我真失败”）。如果你的想法让你感到宽慰，那么可能是善意的想法；如果你的想法让你感到悲伤、害怕和绝望，那就可能是刻薄的想法。

线索 3：身体和情绪感受

许多对自己刻薄的人都容易出现身体不适（如胃疼或头疼），这意味着他们更需要善待自己；还有的人则容易产生悲伤或羞愧等情绪。

不同的人会使用不同的线索来提醒他们什么时候要对自己好一点。通过练习，你可以找到一些线索，提醒你可能对自己太过苛刻了。以下是 14 岁的达伦识别线索的故事。

案例：达伦的故事

我总是习惯对自己很刻薄。一开始，我不清楚在什么时候会对自己刻薄，只是觉得有点不对劲。后来，我开始注意到了一些模式。首先，我意识到当我感到不高兴时，我总是选择远离朋友。即使我只是犯了极小的错误或是说了一些尴尬的话，我也会停止回复他们的信息，把自己封闭起来。也许是因为觉得自己不配得到他们的支持吧。接着，我会感到十分沮丧和孤独，觉得没有人能让我的境遇变得更好。我爸爸曾提醒我要关注类似胃痛和头痛等身体症状，他说这表明我可能对自己太苛刻了，应该寻求帮助。他还说这些线索对他很有用。

不过，这对我一点用都没有，因为我并不像有的人那样会出现身体不适。所以，为了弄清楚我什么时候对自己太刻薄，我需要注意自己正在做的事和感受，比如当我感到羞愧时、当我认为自己不值得获得帮助时，或是当我开始远离朋友时。

你需要做的

这一次，你将化身为寻找线索的侦探——具体地说，就是要寻找能够识别刻薄的想法的线索。

仔细想一想，是什么让达伦意识到自己正在经受刻薄的想法的折磨？

哪些行为让达伦意识到他对自己很刻薄？

哪些想法让达伦意识到他对自己很刻薄？

哪些身体症状或情绪感受让达伦意识到他对自己很刻薄？

哪些线索能帮助达伦识别刻薄的自我对话？

你还可以这样做

回想在最近的一次犯错后，你对自己很刻薄的经历。它可能与你的朋友、家人、学校，或是你能想到的任何事情有关。

当时发生了什么？

你是如何意识到你对自己很刻薄的？写下相关线索。

____

____

当你对自己刻薄时，你在做什么？写下所有的行动线索。

____

____

当你对自己刻薄时，你在想什么？写下所有的想法线索。

____

____

当你对自己刻薄时，你的身体有什么症状或情绪上有什么感受？写下所有的感觉线索。

____

____

你认为哪种类型的线索最能帮你识别何时对自己刻薄？

____

____

训练 16：集思广益

你需要知道的

想对自己更友善是一回事，真正去做又是另外一回事！很多青少年都想对自己更友善，但他们不知道从何开始，也不知道所谓的善意是什么样子的。好消息是，你可以成为善待自己的专家。

善待自己，就像使用工具箱一样：你永远都不会想要一个只有锤子的工具箱，而是经常需要用不同类型的工具（如锤子、螺丝刀、扳手等）来完成各种各样的工作。同样，你需要为自己的“工具箱”集思广益，这样才能在不同的情况下利用它们来帮助自己。提前拥有这些工具，意味着你在遇到挫折时更有可能使用它们。这些想法应该是可信的，对你也是有帮助的。

你遇到的挫折各种各样，只有多练习如何善待自己，才能更好地应对挫折。如果你很难对自己产生善意的想法，那么不妨想一想，当朋友面临类似的挫折时，你会对他说什么。你的善意支持对你和对你的朋友同样有效。

案例：萨拉的故事

当 14 岁的萨拉思考她会如何对待一个遭遇挫折的朋友时，她发现学着对自己好一点变得容易得多了：

“朋友们都说我对自己太刻薄了，但我不知道该怎么做。当他们告诉我要放松、对自己好一点时，我甚至不知道这到底意味着什么。如果没有具体的例子，你如何能学到新东西呢？直到我想到，如果他们中的任何一人遇到困难时我会怎么做，这样一来，我对善待自己也有了眉目。我列了一个清单，罗列了一些我可以使用的善意的想法，并找到了最喜欢的一条。一旦意识到我可以像平时对待朋友一样给自己友善的支持，就不会感觉那么奇怪了！”

你需要做的

以下是青少年在犯错或遭遇挫折后的一些想法。如果你认为加黑的部分是善意的想法，那么请在这个想法前面的方框里画“√”。记住：善意的想法往往具有耐心、宽恕的特点——就像在朋友遇到困难时，你会对他说的话那样。

- ☐ 我的成绩距离理想的分数还差五分，但**人无完人。虽然没有达到目标，但这并不意味着我是一个坏人。**
- ☐ 我邀请别人出去约会，他们拒绝了……我无法停止思考我有多失望。**我做错了什么？我一定有什么问题。**
- ☐ 自从搬家后，我没有交到什么朋友……**但我知道自己有很多优点，所以我肯定自己会很快交到更多朋友。**
- ☐ **老实说，我是一个很酷的人**……虽然有的时候别人不太看得上我，但这只会暂时打击我，我知道，自己的确挺酷的。
- ☐ 在积压了一堆的作业后，我感到不知所措……我无法完成所有作业。**我是怎么沦落到这步田地的呢？也许我就是懒。**
- ☐ 在积压了一堆的作业后，我感到不知所措……**然后我提醒自己我很能干，而且还有支持我的人。我相信自己能做到。**
- ☐ 父母离婚后我很难过……**这个局面很艰难，但我处理得很好。很多人都会感受到压力，我想我应付得很好。**

现在，你已经确定了以上的善意的想法，接下来，你可以朝专家的方向发展了。仔细看看这些善意的想法（提示：一共有五条），并将它们从 1（对你最有帮助）到 5（对你最没帮助）进行排序。

你可以将排名靠前的三个想法作为一个起点，经过头脑风暴后形成自己的善意的想法。在这里写下排名前三的善意的想法。

1.____

2.____

3.____

你还可以这样做

以下是一些青少年遭遇的挫折清单。针对每个挫折，写下当事人内心可能产生的刻薄想法，然后写下你会推荐的一种想法。

挫折：我无法让我喜欢的人注意到我。

内心可能产生的刻薄的想法：我很无趣；他们当然不会看到我。

推荐的善意的想法：我有很多优点。如果他们没有注意到我，那是他们的损失。

挫折：我的英语成绩不及格。

内心可能产生的刻薄的想法：________________________

推荐的善意的想法：____________________

挫折：我和最好的朋友吵架了，我说了一些很无礼的话，但我不是故意的。

内心可能产生的刻薄的想法：____________________

推荐的善意的想法：____________________

挫折：我睡过头了，错过了选拔赛，我的教练很生气。

内心可能产生的刻薄的想法：____________________

推荐的善意的想法：____________________

希望你经过头脑风暴后，为自己选择一种善意的想法。可以从以上的练习中选择一个想法，也可以是你为上述遇到挫折的青少年而写的想法，或是你现在想到的新想法。把这个想法写在便笺上，放到你能经常看到的地方（如镜子、电脑屏幕、门的上面）。用这张便笺作为提醒，练习善待自己。

训练 17：抓住当下，练习善意的想法

你需要知道的

虽然善待自己很有帮助，但人无完人，不可能每时每刻都能做到善待自己，有时做不到是可以接受的（也是正常的）。换句话说，犯错后，你有时还是会忍不住对自己刻薄。那么，在你面对压力并产生了针对自己的消极想法时，该怎么办呢？

答案是，不要放弃！即使你目前不擅长对自己好一点，通过练习你也能越来越熟练。也就是说，哪怕是又出现了苛责自己的行为，也不意味着你失败了、你“不会”善待自己；相反，这只是意味着你有机会应用一些新技能。

一旦你发现自己的想法很刻薄，你就有能力将想法从刻薄变为善意；一旦你注意到了这些刻薄的想法，就意味着你离把它们变成善意的想法又近了一步。

案例：艾娃的故事

15 岁的艾娃在发现自己可以捕捉那些自怨自艾的思绪之后，感觉好多了：

"起初，每当发现我又苛责自己时，我都会很沮丧。我知道，对自己刻薄很糟糕——我必须掐断所有的刻薄想法。我知道这听起来很奇怪，但我开始因为对自己刻薄而谴责自己。

"尽管花费了一番力气，但最终我意识到，善待自己才是我要学习的新事物。如果朋友在学习新事物，那么我会提醒他们，学习需要练习，并且在练习的过程中可能会犯错。与其气馁和苛责自己，不如把握机会，试着改变固有的想法。几周前，我根本不会注意到我对自己很刻薄，我现在取得了进步。"

你需要做的

在以下的内容中，左栏是一些青少年的刻薄想法，右栏是将刻薄的想法转变成的善意想法。试着把每个刻薄的想法和它转变后的善意的想法连线。

• 女朋友甩了我，我觉得自己一无是处。	• 每个人都有忘记事情的时候！如果我现在告诉他，也许他会理解的。
• 我忘记了哥哥的生日，我真是一个差劲的弟弟。	• 她今天没和我坐在一起，并不代表她不喜欢我。另外，无论谁和我坐一起，他都会发现我很风趣。
• 我考试又不及格了，为什么我什么都做不好？	• 如果他同意和我约会，他可能就会发现我其实很酷，这可是一种很大的肯定。
• 朋友今天没有和我一起吃午饭，可能是因为她有了更好的朋友。	• 还有很多人关心我。但我还是会跟那些不关心我的人说，他们也没必要责备自己。
• 我今天过得很糟糕，有朋友发短信问我有没有事，我不值得他们关心。	• 如果朋友今天过得不好，那么我一定会确认一下他们有没有事，我也值得同样的善待。
• 我约暗恋对象出来，他答应了……但他迟早会发现我是个失败者。	• 每个人都会遇到困难，这个科目对我来说显然很难，我可以试着求助于朋友或老师。

你还可以这样做

回想你近期的一次遭遇挫折或犯错后，你发现自己产生刻薄想法的经历。

____

____

你有什么刻薄的想法？写下一两个例子。

____

____

把每个刻薄的想法改写成更善意的想法（记住：改写前可以先想一想，你会和好朋友怎么说，并以此作为参考答案）。

____

____

第 5 章

从压力和失意中复原

The Growth Mindset Workbook for Teens

Say Yes to Challenges,Deal with Difficult Emotions & Reach Your Full Potential

训练 18：学会觉察早期压力

你需要知道的

截至目前，你已经学到了很多应对压力的技巧——可能是从本书中学习的，也可能是从日常生活中找到的行之有效的方法。这些技能非常有用，在使用它们时，你会感觉良好。我们访谈的大多数人都说过和 14 岁的杰里迈亚一样的话："有时，我并没有意识到自己压力大，直到被压得喘不过气时，但此时事情已经变得非常糟糕了，我已难以应对。"

我们在本书中想强调的是，一旦事情变得非常糟糕，人们往往会感觉难以应对，这是很正常的。本书还将分享两个好消息：

- 你可以学会如何更早地识别压力，不用总是担心自己会突然被压力击垮。
- 即使你已经被压得喘不过气，感到极度悲伤、极其焦虑或异常愤怒，你的应对技巧仍然有用，尽管使用起来可能会比较艰难。

本训练的重点是帮助你更好地弄清楚自己何时开始感到压

力。训练 19 将介绍当你情绪不稳定时，该如何运用适合你的技巧去应对。

如果你开始感到有压力，那么你可以运用以下两个简单的方法及早探测到压力：

- 每隔一段时间检查一次，看看自己是否变得紧张；
- 看看是否存在一种模式容易引发你的压力。

有时，感觉到身体紧张并不是坏事。运动后会出现身体紧张，一定程度的紧张是完全正常的。你可以偶尔检查一下，看看是否感觉到身体比平时更紧张或更“紧绷”。一个简单的方法是，觉察你的肩膀离耳朵有多近——肩膀离耳朵越近，表明身体越紧张。你可以用这个方法来检查，看看是否需要使用你的“工具箱”里那些有用的应对技巧。

认识到某些情景可能比其他情景更容易引发你的压力也能帮助你。你可能想要回避这些情景（即你可能想当逃兵），但如果你准备使用你的技能（甚至在这些情景出现之前就挑选好有用的应对技能），你就可以在不回避的情况下避免压力。

这两种策略都能帮助你更早地识别压力。即使无法确保每次都能及早发现压力也没关系，就像本书所提到的其他技能一样，你可以通过练习来提升。

你需要做的

现在，你可以尝试做肩部检查，看看身体的紧张程度。如果条件允许，建议你在椅子上或地板上坐直。

首先，注意肩膀一开始所在的自然位置，不要试图移动它们。

然后，用鼻子深吸气约三秒钟，然后将肩膀向耳朵靠拢。

接着，用嘴巴缓慢呼气约五秒钟，同时让肩膀完全放松，也可以稍微摆动手臂来放松。

注意肩膀现在的位置，如果它们的位置比之前低，那么可能预示着你有一些身体紧张和压力。没关系！选择一种你最喜欢的应对技巧，如和固定型思维对话或是遵从你的价值观行事。现在就用起来。

如果肩膀在放松前和放松后所处的位置差不多，那也没关系，你可以随时随地使用这个方法来检查身体的紧张程度。

如果你确实感觉到身体紧张，那么这可能是你使用应对技巧的好时机。

你还可以这样做

在接下来的三天里，写下让你感到有压力的情景。对于每种情景，请提供尽可能多的或尽可能详细的细节，这将有助于你更好地完成下一步工作。例如，与“我睡过头了”相比，“我睡过头了，所以我没法洗澡，上学也要迟到了”的陈述更有用。

第 1 天：______________________________

第 2 天：______________________________

第 3 天：______________________________

你在哪些情景下的压力最大？写下你注意到的所有模式，比如：“我在早晨时最容易紧张”“如果有一段时间我没吃东西，我就会感到焦虑”“当我不得不与一群人交谈时，我会压力倍增”。

____

____

当你以后再遇到类似的压力情景时，你会准备哪些应对技巧？写下来。

____

____

你还可以谈谈你会如何使用这个技能让自己更轻松。比如：

“当我睡过头时，我会试着对自己友善一点，问问自己会如何对待一个爱睡懒觉的好朋友。这样一来，我就可以通过善待自己·开始新的一天，帮助自己在早上不那么紧张。”

____

____

训练 19：学会求助

你需要知道的

要想处理负面的想法和感受并不容易，尤其是当要独自扛起大部分压力的时候。寻求他人的支持，可以让你不再孤军作战。有研究表明，在困难时期，社会支持能让人感觉好一点。因此，确定支持圈很重要，即确定那些你愿意求助的人。以下是关于获得帮助的三个重要事项。

- **有人倾听你正在经历的事情往往会对你很有帮助。**他们可以是你的好朋友、父母、阿姨、叔叔、祖父母、老师，或是其他你亲近和信任的人。有时，他们可能会为你提供一个新的视角来看待正在发生的事；有时，他们也许能和你感同身受。在某些情况下，他们可能会帮助你联系能为你提供更直接的帮助的人，如心理咨询师或其他心理健康专家。

- **如果你没有找到愿意求助的朋友或家人，那么你可以试着联系学校的心理健康专家**。有时，你可能想立刻与接受过心理健康培训的人聊一聊，尤其是当你感到不安全或想伤害自己时。此外，你也可以拨打危机干预热线。
- **向别人求助，一开始可能会让你感觉很奇怪，尤其是你从未这样做过的话**。不过，就像其他事情一样，练习会让这件事变得更容易。好消息是，寻求帮助不会让事情更糟。无论你怎么做，最重要的是，你在需要的时候寻求了帮助。

此外，提前头脑风暴一下你想如何向他人求助，能帮助你在需要的时候更容易做到。

案例：求助的故事

16 岁的扎是这样谈论向朋友求助的：

“在很长的一段时间里，我总是独自承担一切。我很悲伤和绝望，甚至为此茶饭不思，似乎没有人能帮助我或理解我所经历的事。当我不再与朋友和家人交谈时，事情变得越来越糟糕。

“在某一刻，我决定不再孤军作战。我在告诉一个朋友发生了什么，以及我有什么感受后，我感到如释重负。她倾听了很久，然后告诉我，她有时也会感觉有点绝望。她问我，她做些什么能让我好受点。老实说，向她倾诉我的处境已经能帮到我了。现在，每当我感觉特别糟糕时，我都知道我可以去找那位朋友，以获得额外的支持——这真是太好了。”

* * *

15 岁的斯蒂芬这样向学校辅导员求助：

“有一天，我决定要为自己的糟糕心情做点什么。我情绪非常低落，而且一直疲惫无力，我在课堂上难以集中注意力。我不知道可以向谁求助，所以我咨询了老师是否知道该怎么办。他建议我去见见学校辅导员，并帮我预约了面询时间。在与辅导员交谈期间，我们经过头脑风暴，在一张清单上列出了我可以通过做哪些事来帮助自己，这让我感觉好了一些。现在，我仍在努力做清单上的每一件事。每当事情变得困难时，知道有一个可以倾诉的人，这确实会让我感觉好很多。”

你需要做的

想一想，生活中你信任并愿意求助的人。在下面的支持圈里写下他们的名字。在支持圈的中心地带，是对你最重要的人；在支持圈的边缘地带，是在你的生活中扮演较小角色，但仍可以提供一些帮助、指导或积极影响的人。记住，你的支持圈可以由许多不同类型的人（如朋友、家人、可信赖的成年人、心理健康专家）组成。至少选出三个人，放在你的支持圈里。

你还可以这样做

现在，你已经确定了你愿意求助的人，接下来将介绍你该如何向他们求助。从你的支持圈里选三个人，写两至五句话，向每个人解释你正在经历的事，并向他们寻求帮助。你可以参考或使用以下示例。记住，寻求帮助的方式没有对错之分。

向父母求助：嘿，妈妈，我想和您谈一件重要的事。最近我真的很低落，这一直困扰着我。完成学习任务对我来说真的很难，我也不再享受平时喜欢做的事，比如和朋友出去玩。我想我需要一些改变来帮助自己感觉好一点，但我不知道从哪儿着手。您觉得我先去和学校辅导员谈谈怎么样?

向朋友求助：嘿，最近也许你已经注意到我在疏离你和其他人。我不是在生你的气，而是因为我现在的日子不太好过。最近我真的很低落，这一直困扰着我。如果能和你聊一聊，对我也许会有帮助。我们能聊聊吗?

现在，用你自己的话试一下。请务必给你选择的三个人各写一段话。

第一个人：____

____

第二个人：____

____

第三个人：____

____

训练 20：学会感恩

你需要知道的

当我们对某人或某事产生感激之情时，这是大脑在告诉我们想要什么或需要什么。想一想，上一次你昏昏沉沉、疲惫不堪是在什么时候。现在，想想你是多么感激那晚的睡眠。你应该感激大脑告诉你："睡眠很重要，请多休息！"

培养感恩之心就像画一张路线图，它会标注出那些让你的生活更美好的人、地方和事物。任何人都要学会感恩，但一开始可能需要一些练习。以下提示可以帮助你入门。

- **你可以感激某些人、某些地方和某些事物。**有时，感恩意味着对一个在你挣扎时陪伴你左右的人心存感激；有时，你可以感激某个让你感到轻松自在的地方；有时，你可能会感激某些帮助你度过一天的事物，比如听音乐、读书或参加足球训练。培养感恩之心有很多方法。

- **感恩并不意味着你必须忘记生活的艰难困苦。**事实上，当你遭遇困难时，感恩可以帮助你找到新的应对方法；感恩意味着学业压力、朋友之间的麻烦或负面情绪等挑战不再成为你获得想要或需要的东西的障碍。尤其是在困难的时候，感恩能引导你走向那些可以帮助你的人、地方和事物，以应对正在发生的一切。

案例：阿米尔的故事

15 岁的阿米尔展示了感恩是如何帮助她找到新的应对方法的：

“我曾经想过自残。这些想法一直萦绕于心、挥之不去，尤其是当我独自一人、朋友不在身边的时候。有一天，我调大了音乐的音量来让自己分散注意力。最后，我向后靠了靠，闭上眼睛，尽己所能地专注于自己那伴随音乐起伏的呼吸。音乐帮助我度过每一次呼吸，直到难过的那一刻过去。我很感激音乐分散了我的注意力，这提醒我在下次遇到这种情况时，也可以试着用音乐来应对。制订这个计划让我感觉自己对局面有了更多的掌控能力。”

你需要做的

阅读李的故事，然后回答以下问题。

案例：李的故事

高二那年，我母亲失业了，家里一下子变得紧巴巴的。尽管我母亲一直向我隐瞒，但我知道我们快买不起东西了。

我一直担心可能会发生不好的事：如果我们保不住房子怎么办？如果我不得不换学校怎么办？我真的不想离开那些朋友。

我告诉了一个朋友，我是多么担心要搬家，以及失去我们的友谊。她向我保证，无论我在多远的地方，我们都是朋友。我们还约定好多久打一次电话，这让我感觉好多了。但在其他时候，我不想和任何人相处。那段时间，我经常去家后面的公园散步。那里非常宁静，给了我思考和远离一切的时间。我有时甚至会带一本书到户外阅读，阅读也让我心神安宁。

六个月后，姑姑邀请我和母亲搬去和她一起住。我们可以卖掉房子，但只需要搬到两条街外！我松了一口气，因为这意味着我母亲可以在找新工作的同时，节省额外的钱……我也不必离开我的朋友。虽然我不得不和母亲同住一个房间，但至少我可以继续和朋友在一起！能暂住在姑姑家，我很开心，尤其是在狭小的房间之外，我还有一些额外的活动空间。尽管与母亲同住一个房间让我很难有自己的空间，但我很快发现，通过戴上耳机听音乐，我可以为自己创造一点私人空间。这是一个很好的方式，让母亲知道我需要一些私人时间，她似乎也明白这一点。随着一切正常运行，我想她也会喜欢有自己的私人时间。

现在，试着培养你的感恩之心。想一想你会感激的某个人、某个地方和某件事，以及你为什么感激。

你会感激谁？为什么？

____

____

你会感激什么地方？为什么？

____

____

你会感激什么事？为什么？

____

____

你还可以这样做

现在，按照你的感恩路线图，与他人分享你的感恩，想一想你上面提到的那个人。给这个人写一封信，解释你为什么感激他，以及他做了什么让你的生活变得更美好。写完后，你可以和他分享你的信或保留它，以提醒自己要常怀感恩。

亲爱的________，

我只是想让你知道，我很感激你。我真的很感激你，因为________________________________

____

____

____

你让我的生活更美好，因为________________

____

____

____

____

____

____

感谢你！

________________（你的名字）

后记

给未来的你

你已经走了很长的一段路！你已经意识到改变的可能，甚至已经看到了改变。哪怕不是这样，改变也依然存在，且正悄然进行。

根据你制订的思维模式改变计划，也许你已经学会了如何用正确和真实的方式对抗固定型思维。也许你已经弄清楚了，在这世界上，你最看重的是什么——今天对你来说最重要的事是什么，明天又可能是什么。也许你已经想好了主意、下定了决心，确定如何在日常生活中继续按照你的价值观行事。也许你已经采取措施，学着对自己更友善，尽管刻薄曾占据了主阵地。也许你已经练习过感恩，并在需要时寻求过帮助（每个人都这样做过）。也许你已经思考过该如何应对挫折，并重新走上期望的道路，从生活中获得想要的东西，同时成为你所希望成为的“你”。

听起来，你需要做的事情似乎还不少。的确是这样，因为你的成长之旅还有很长的一段路要走。也许你还没有完全实现你在训练 8 中写下的目标，但没关系，踏踏实实地走下去，这正是我们所期望的。不积跬步无以至千里，每一步都不容易，每一步都很重要。你每完成本书中的一项训练，便是朝着那一直追逐的真切的目标迈进一步。

鉴于以上种种，你应该先停下手中的事情，为自己鼓鼓掌。你值得骄傲——为自己迈出的步伐、开启的旅程，也为自己及未来的道路。

未来你将如何继续成长和改变？

先写一封信给未来的你吧！给一年后的自己。分享你在这些活动中学到了什么，以及你希望继承什么经验、采取什么行动。比如，你克服了哪些障碍？哪些策略帮助你实现了目标？面对未来可能遇到的压力、挫折和障碍，你对未来的自己有什么建议……分享你当下的真实想法、感受和建议，帮助未来的自己继续成长吧！

The Growth Mindset Workbook for Teens：Say Yes to Challenges, Deal with Difficult Emotions & Reach Your Full Potential

ISBN: 9781684035571

北京阅想时代文化发展有限责任公司为中国人民大学出版社有限公司下属的商业新知事业部，致力于经管类优秀出版物（外版书为主）的策划及出版，主要涉及经济管理、金融、投资理财、心理学、成功励志、生活等出版领域，下设“阅想·商业”“阅想·财富”“阅想·新知”“阅想·心理”“阅想·生活”以及“阅想·人文”等多条产品线，致力于为国内商业人士提供涵盖先进、前沿的管理理念和思想的专业类图书和趋势类图书，同时也为满足商业人士的内心诉求，打造一系列提倡心理和生活健康的心理学图书和生活管理类图书。

《个性优势：揭示个人能力真相的心理测评》

- 发现个性优势，开发个人潜能，让个性成为人生腾飞的起跑器。中国科学院心理研究所研究员、中国心理学会心理测量专委会副主任张建新和壹心理创始人黄伟强作序推荐。
- 3 大主题测试、26 张个性测评表格、9 个练习，归结出 6 项人格因素，15 种工作偏好组合，7 个关键生活领域，能帮助人们更好地了解自己的个性优势所在，从而更好地在工作中发挥自己的个性优势，实现工作与生活的和谐与平衡。

《穿越迷茫：战胜成长焦虑》

- 写给将要踏入社会和初入社会的迷茫的年轻人的焦虑管理书。
- 解锁步入成年期的正确打开方式，与自己的焦虑和解！堪称“谁的青春不迷茫”的答案之书！
- 江苏省心理学会理事长，南京师范大学心理学院教授邓铸、上海社科院社会学研究所二级研究员杨雄联袂推荐；北京师范大学心理学院教授、博士生导师陈会昌作序推荐。